TUBOS

ANDREW BLUM

TUBOS
O MUNDO FÍSICO DA INTERNET

Tradução de Ryta Vinagre

Rocco

Título original
TUBES
A journey to the center of the Internet

Copyright © 2012 by Andrew Blum

Todos os direitos reservados.
Nenhuma parte desta obra pode ser reproduzida ou transmitida por qualquer forma ou meio eletrônico ou mecânico, inclusive fotocópia, gravação ou sistema de armazenagem e recuperação de informação, sem a permissão escrita do editor.

Direitos para a língua portuguesa reservados
com exclusividade para o Brasil à
EDITORA ROCCO LTDA.
Av. Presidente Wilson, 231 – 8º andar
20030-021 – Rio de Janeiro, RJ
Tel.: (21) 3525-2000 – Fax: (21) 3525-2001
rocco@rocco.com.br
www.rocco.com.br

Printed in Brazil/Impresso no Brasil

Revisão técnica
MAURO MARTINS FIGUEIREDO

CIP-Brasil. Catalogação na fonte.
Sindicato Nacional dos Editores de Livros, RJ.

B622t   Blum, Andrew
         Tubos: o mundo físico da Internet/Andrew Blum;
       tradução de Ryta Vinagre. – Rio de Janeiro: Rocco, 2013.

       Tradução de: Tubes
       ISBN 978-85-325-2840-7

       1. Internet. 2. Internet – Aspectos sociais. 3. Sistemas
      de telecomunicação. 4. Tecnologia da informação.
      5. Superestrada da informação. I. Título.

13-1938   CDD-384.3
                                                         CDU-621.39

Para Davina e Phoebe

Não aparece em nenhum mapa; os verdadeiros lugares nunca aparecem.

— HERMAN MELVILLE

De algum modo eu sabia que o espaço nocional por trás de todas as telas de computador seria um único universo.

— WILLIAM GIBSON

Sumário

Prólogo / 11

1 – O mapa / 20

2 – Uma rede de redes / 43

3 – É só conectar / 74

4 – Toda a Internet / 108

5 – Cidades de luz / 158

6 – Os tubos mais longos / 189

7 – Onde os dados dormem / 223

Epílogo / 258

Agradecimentos / 263

Notas / 265

Prólogo

Em um dia cruelmente frio, alguns invernos atrás, a Internet parou de funcionar. Não toda a Internet, apenas a parte que reside em uma massa empoeirada ao lado do sofá de minha sala. Ali há um modem preto com cinco luzes verdes, um adaptador de telefone azul do tamanho de um livro de capa dura e um roteador Wi-Fi branco, com seu único olho brilhando. Nos bons dias, todos piscam, felizes uns com os outros, satisfeitos com os sinais que passam pela parede. Mas, nesse dia, o piscar era laborioso. As páginas da web carregavam aos trancos, e meu telefone – do tipo "voz sobre IP", que envia as chamadas pela Internet – fazia com que todos parecessem mergulhadores. Se houvesse homenzinhos dentro dessas caixas, era como se eles, de repente, resolvessem tirar uns cochilos. O próprio *switch* tinha caído no sono.

O técnico chegou na manhã seguinte, cheio de promessas. Conectou um apito eletrônico que parecia uma lanterninha ao terminal do cabo da sala e acompanhou sua trilha, procurando por pistas. Eu o segui, primeiro à rua, depois descendo ao porão e passando por um alçapão até o quintal, onde uma caixa de comutadores empoeirada estava presa numa teia de cabos pretos e aparafusada a uma parede de tijolos. Desconectando-os um a um, ele atarraxou um minúsculo alto-falante em cada um deles até encontrar o que apitava: a prova audível de um caminho contínuo entre um ponto e outro.

E então seus olhos se voltaram para o alto, com preocupação. Um esquilo correu por um fio até uma caixa de proteção cinza como um navio de guerra, presa a um poste como uma casa de passarinho. Trepadeiras urbanas anêmicas a rodeavam. Os animais roeram a capa de borracha, explicou o técnico. Além de trocar a fiação em todo o quintal, não havia nada que ele pudesse fazer. "Mas pode melhorar sozinho", ele disse, e foi o que aconteceu. Mas o tosco caráter físico da situação me deixou assombrado. Aqui estava a Internet, a mais poderosa rede de informações já concebida! Capaz de comunicar-se instantaneamente com qualquer lugar na Terra! Propagadora de revoluções! Companheira constante, mensageira do amor, fonte de riqueza e da venerada distração. Bloqueada pelos dentes de um esquilo do Brooklyn.

Gosto de engenhocas. Fico feliz em discutir a Internet como uma cultura e um meio. Minha sogra me liga procurando suporte técnico. Mas confesso que a essência da coisa – uma "coisa" que esquilos podem beliscar – me escapava. Talvez eu estivesse conectado, mas a realidade tangível da conexão me era um mistério. As luzes verdes na caixa em minha sala sinalizavam que "a Internet" – um todo singular e sem nuances – estava, para dizer com simplicidade, *ligada*. Sim, estava conectada, mas conectada a quê? Li alguns artigos sobre os grandes centros de processamento de dados de escala industrial, cheios de discos rígidos, sempre em algum lugar bem distante. Eu já desplugara e replugara minha parcela de modems com defeito atrás do sofá. Mas, para além deles, meu mapa da Internet estava em branco – tão em branco quanto os mares oceânicos estavam para Colombo.

Essa desconexão, se posso usar o termo, me assombrou. A Internet é a maior construção tecnológica de nossa existência diária. É nítida e viva, nas telas a nossa volta, turbulenta como uma cidade humana agitada. Dois bilhões de pessoas usam a Internet de alguma forma, todos os dias. Mas, no aspecto físico, é uma vastidão totalmente sem corpo, sem traços característicos: toda espaço, sem redes. No conto "My Lost City", de F. Scott Fitzgerald, o protagonista sobe no topo do Empire State Building e reconhece, abatido, que sua cidade tinha limites. "E com a pavorosa percepção de que Nova York era, afinal, uma cidade, e não um universo, ruiu todo o edifício reluzente que ele erigira em sua imaginação."[1] Percebi que minha Internet também tinha limites. Estranhamente, não eram limites abstratos, e sim físicos. Minha Internet estava em pedaços – literalmente. Tinha partes e lugares. Era mais parecida com uma cidade do que eu pensava.

A interrupção causada pelo esquilo era irritante, mas o aparecimento repentino da textura da Internet me emocionou. Sempre fui muito sintonizado com meu ambiente, com o mundo à minha volta. Tenho tendência a me lembrar de lugares, como um músico faz com uma melodia ou um chef com os sabores. Não se trata apenas de meu gosto pelas viagens (embora eu goste), mas também porque o mundo físico é fonte de preocupação constante, às vezes dominadora. Tenho uma forte "noção de espaço", como algumas pessoas descreveriam. Gosto de perceber a largura das calçadas nas cidades e o caráter da luz em diferentes latitudes. Como escritor, isso costuma me levar ao tema da arquitetura, mas nunca me interessei muito pelos prédios em si, e sim pelos lugares criados pelos prédios – a soma total da construção, a cultura e a memória; o mundo que habitamos.

Mas a Internet sempre foi uma exceção necessária a esse hábito, um caso especial. Sentado à minha mesa, de frente para uma tela de computador, o dia todo, levantando-me depois, ao final do dia, e olhando como de praxe outra tela menor que carrego no bolso, aceitei que o mundo dentro deles era distinto do mundo sensorial que me cerca – como se o vidro da tela não fosse transparente, mas opaco, uma fronteira sólida entre dimensões. Estar online era estar desencarnado, reduzido a olhos e ponta dos dedos. Não havia muito a fazer com relação a isso. Havia o mundo virtual e o mundo físico, o ciberespaço e lugares reais, e os dois nunca deveriam se encontrar.

Mas, se fosse um conto de fadas, o esquilo teria entreaberto a porta de um reino, antes invisível, atrás da tela, um mundo de fios e espaços entre eles. O cabo mastigado sugeria que podia haver um jeito de recosturar a Internet e o mundo real em um só lugar. E se a Internet não fosse um lugar qualquer, invisível, mas *algum lugar*? Porque isso é o máximo que sei: o fio no quintal leva a outro fio, e a outro depois desse – indo além, a todo um mundo de fios. A Internet não era realmente uma *nuvem*; só uma ilusão obstinada pode convencer alguém disto. Nem era substancialmente *sem* fio. A Internet não poderia estar em toda parte. Mas então, onde estava? Se eu seguisse o fio, aonde me levaria? Como seria esse lugar? Quem eu encontraria? Por que eles estavam lá? Decidi fazer uma visita à Internet.

Em 2006, quando o senador Ted Stevens, do Alaska, descreveu a Internet como "uma série de tubos", foi fácil ridicularizá-lo. Ele parecia incorrigível, tolamente preso ao antigo jeito de conhecer o mundo, enquanto o restante de nós tinha saltado alegremente para o futuro. Pior ainda, ele devia estar muito bem informado. Como presidente do Comitê de Comércio, Ciências e Transporte do Senado, Stevens supervisionava o setor de telecomunicações. Mas lá estava ele, atrás do púlpito do Hart Building, no Capitólio, explicando que "a Internet não é algo em que se possa simplesmente largar as coisas. Não é um grande caminhão, é uma série de tubos, e vocês não entendem que esses tubos podem ficar lotados, e se eles entopem quando vocês colocam ali as suas mensagens em fila, elas se atrasarão – graças a alguém que coloca uma enorme quantidade de material nos tubos (...) Uma *enorme* quantidade de material!".[2] O *New York Times* enervou-se com a falta de bom senso do senador.[3] Cartuns mostraram imagens de caminhões de lixo e tubos de aço lado a lado. DJs fizeram mixagens de seu discurso. Minha mulher e eu rimos dele.

E ainda assim passei grande parte dos últimos dois anos no rastro da infraestrutura da Internet física, seguindo aquele cabo do quintal. Confirmei com meus próprios olhos que a Internet é muitas coisas, em muitos lugares. Minha certeza maior, no entanto, é de que ela é, de fato, uma série de tubos. Existem tubos no oceano que ligam Londres a Nova York. Tubos que ligam o Google ao Facebook. Existem prédios cheios de tubos, e centenas de milhares de quilômetros de estradas e ferrovias cujas margens contêm tubos enterrados. Tudo que você faz online viaja por tubos. Dentro desses tubos (em grande parte) existem fibras ópticas. Dentro das fibras, luz. Codificados na luz, estamos *nós*, cada vez mais.

Suponho que tudo isso pareça improvável e misterioso. Quando a Internet decolou, em meados da década de 1990, tendíamos a pensar nela como um lugar específico, como uma aldeia. Mas, desde então, essas antigas metáforas geográficas caíram em desgraça. Não visitamos mais o "ciberespaço" (a não ser para iniciar uma guerra). Todas as placas da "superestrada da informação" foram derrubadas. Agora pensamos na Internet como uma teia de seda em que cada lugar é igualmente acessível aos outros. Nossas conexões online são imediatas e completas – a não ser quando não ocorrem. Um site pode estar "fora do ar" ou a conexão de nossa casa pode ficar instável, mas é raro que não se possa chegar a uma parte da Internet a partir de outra – tão raro que a Internet não parece ter parte nenhuma.

A imagem preferida da Internet é de um sistema solar eletrônico nebuloso, uma "nuvem" cósmica. Tenho uma prateleira cheia de livros sobre a Internet, e todos têm praticamente a mesma imagem na capa: uma bolha de linhas suavemente luminosas, misteriosas como a Via Láctea – ou o cérebro humano. Na realidade, pensar na Internet como uma coisa física saiu tanto de moda que é mais provável que a vejamos como uma extensão de nossa mente do que como uma máquina. "O futuro ciborgue está aqui", proclamou o escritor de tecnologia Clive Thompson, em 2007. "Quase sem notar, terceirizamos funções periféricas importantes do cérebro ao silício que nos cerca."[4]

Sei o que isso parece, mas ainda me pergunto sobre todo esse "silício que nos cerca". Claramente, Thompson quis dizer computadores, smartphones, e-readers e quaisquer outros dispositivos que temos a nosso alcance. Mas deveria também incluir a rede por trás deles – e onde fica esta rede? Eu me sentiria melhor em terceirizar minha vida a máquinas se pelo menos pudesse saber onde elas estão, quem as controla e quem as colocou ali. Da mudança climática à escassez de alimentos, ao lixo e à pobreza, as grandes pragas globais da vida moderna sempre são agravadas pela ignorância. Mas tratamos a Internet como se fosse uma fantasia.

Kevin Kelly, o filósofo do Vale do Silício, diante do abismo entre o aqui, físico, e o lá, virtual e perdido, ficou curioso se poderá haver uma maneira de pensar neles reunidos novamente. Em seu blog, solicitou desenhos dos "mapas que as pessoas têm na mente, quando entram na Internet". O objetivo desse "Projeto de Mapeamento da Internet", como ele descreveu, era tentar criar uma "cartografia popular" que "pudesse ser útil para algum semiótico ou antropólogo".[5] E o projeto saiu do éter dois dias depois – por uma psicóloga e professora de comunicação da Universidade de Buenos Aires chamada Mara Vanina Osés. Ela analisou mais de cinquenta dos desenhos que Kelly recolheu, e criou uma taxonomia de como as pessoas imaginavam a Internet: como uma malha, um anel ou uma estrela; como uma nuvem ou emitindo raios, como o sol; com elas próprias no centro, na base, à direita ou à esquerda.[6] Estes mapas mentais foram divididos principalmente em dois campos: expressões caóticas de um infinito obscuro, como pinturas de Jackson Pollock, ou uma imagem da Internet como uma aldeia, desenhada como uma cidade de livro infantil. São perceptivas e revelam plenamente a consciência que temos de como vivemos na rede. Parece-me, porém, que em nenhum caso aparecem as máquinas da Internet. "Todo esse silício" não está em lugar nenhum. Parece que trocamos milhares de anos de cartografia mental, uma ordenação coletiva da Terra que remonta a Homero, por um mundo liso e sem lugares. A realidade física da rede não é nada real – é irrelevante. O que a cartografia popular de Kelly retratou mais nitidamente foi que a Internet é uma paisagem mental.

Este livro faz a crônica de minha tentativa de transformar este lugar imaginário em outro, real. É um relato do mundo físico. Pode parecer que a Internet está em toda parte – e, de muitas maneiras, ela está –, mas está mais evidente em alguns lugares do que em outros. O todo singular é uma ilusão. A Internet tem cruzamentos e superestradas, grandes monumentos e capelas silenciosas. Nossa experiência diária da Internet turva essa geografia, ela é nivelada e acelerada para além de qualquer reconhecimento. Para me contrapor a isso, e para ver a Internet como um lugar físico coerente e próprio, tive de mexer com minha imagem convencional do mundo. Às vezes, a atenção deste livro oscila entre uma única máquina e todo um continente, e em outras ocasiões considera ao mesmo tempo a minúscula escala nano de *switches* ópticos e a escala global de cabos transoceânicos. Em geral, envolvo-me com o mais diminuto dos horários, reconhecendo que uma jornada online de milissegundos contém multidões. Mas ainda assim é uma jornada.

Este é um livro sobre lugares reais no mapa: seus sons e cheiros, seu passado célebre e seus detalhes físicos, e as pessoas que ali vivem. Para unir as duas metades de um mundo fraturado – para colocar o físico e o virtual no mesmo lugar –, parei de ver os "sites" e "endereços da web" e procurei por locais e endereços reais, e as sibilantes máquinas que abrigam. Afastei-me de meu teclado e, com ele, do mundo especular do Google, da Wikipédia e dos blogs, embarcando em aviões e trens. Dirigi por rodovias vazias e fui à beira de continentes. Na visita à Internet, tentei livrar-me da experiência individual que tenho dela – como a coisa expressa na tela – e revelar sua massa subjacente. Minha busca pela "Internet" foi, portanto, uma busca da realidade, ou na verdade uma classe específica da realidade: os fatos concretos da geografia.

A Internet tem um número aparentemente infinito de margens, mas um número incrivelmente pequeno de centros. Superficialmente, este livro conta minha viagem a esses centros, aos lugares mais importantes da Internet. Visitei aqueles depósitos gigantescos de dados, mas também muitos outros lugares: as ágoras digitais labirínticas, onde as redes se encontram, os cabos submarinos que conectam continentes e os prédios assombrados por sinais, onde fibras de vidro enchem tubos de cobre produzidos para o telégrafo. A não ser que você seja de uma pequena tribo de engenheiros que costuma me servir de guia, esta certamente não é a Internet que você conhece. Mas é, mais peremptoriamente, a Internet que você usa. Se você recebeu um e-mail ou carregou uma página da web hoje – se está recebendo um e-mail ou carregando uma página (ou um livro) *agora* – posso lhe garantir que está tocando esses lugares muito reais. Posso admitir que a Internet é uma paisagem estranha, mas insisto que é, ainda assim, uma paisagem – uma "netscape", como chamo, se a palavra já não foi cunhada. Apesar de toda a conversa incessante da suprema ausência de localização de nossa nova era digital, quando você puxa a cortina, as redes da Internet estão em lugares fixos, reais e físicos, como qualquer ferrovia ou sistema telefônico que já existiu.

Nos termos mais fundamentais, a Internet é feita de pulsos de luz. Esses pulsos podem parecer milagrosos, mas não são mágicos. São produzidos por lasers potentes contidos em caixas de aço localizadas (predominantemente) em prédios discretos. Os lasers existem. As caixas existem. Os prédios existem. A Internet *existe* – tem uma realidade física, uma infraestrutura essencial, um "leito rochoso", como disse Henry David Thoreau sobre Walden Pond.[7] Ao realizar esta jornada e escrever este livro, tentei peneirar o aluvião tecnológico da vida contemporânea, a fim de ver, fresca sob a luz do sol, a essência física de nosso mundo digital.

1
O mapa

No dia de janeiro em que cheguei a Milwaukee, o frio era tanto que as ruas tinham se coberto de branco. A cidade foi fundada em 1846, a partir de três assentamentos concorrentes, à beira de um grande porto, na margem oeste do lago Michigan. Quatro anos depois de sua fundação, a Milwaukee & Waukesha Railroad ligou o lago ao interior, e os férteis campos de trigo do Meio-Oeste às crescentes populações do Leste. Logo, os moradores de Milwaukee não estavam apenas transportando matéria-prima, mas processando-a, produzindo cerveja de lúpulo, couro de vacas e farinha de trigo. Com o sucesso crescente desta indústria – e a ajuda da afluência de imigrantes alemães –, essas primeiras fábricas de processamento estimularam o crescimento de um amplo leque de indústrias de precisão. O centro da atividade era o vale Menomonee, um pântano miasmático que foi bem aterrado para acomodar o que logo viria a se tornar uma usina industrial sufocada de carvão. "Do ponto de vista industrial, Milwaukee é conhecida em toda a face da Terra", exagerou o *WPA Guide to Wisconsin* de 1941.[1] "Das vastas oficinas de usinagem da cidade saem produtos que vão de turbinas pesando meia tonelada a peças tão diminutas que serão montadas apenas com lentes de aumento. As cavadeiras a vapor de Milwaukee escavaram o canal do Panamá; as turbinas de Milwaukee tornaram produtivas as cataratas do Niágara; os tratores de Milwaukee estão nos campos das principais regiões agrícolas do mundo; engrenagens feitas em Milwaukee operam minas na África e no México, engenhos de açúcar na América do Sul e laminadores de aço no Japão, na Índia e na Austrália." Milwaukee tornou-se o centro de um extenso colosso industrial – conhecida em toda parte como a "usinagem do mundo".

Mas isso não durou para sempre. Depois da Segunda Guerra Mundial, à medida que as linhas férreas fixas davam lugar ao movimento mais flexível de pneus de borracha sobre novas estradas, as redes rígidas tornaram-se mais brandas. E teve início um declínio constante no vale Menomonee, em paralelo com o da industrialização nacional. Os Estados Unidos tornaram-se um país que produzia mais ideias do que coisas. A "usinagem do mundo" transformou-se na fivela do Cinturão da Ferrugem. As fábricas de Milwaukee foram abandonadas e, mais recentemente, transformadas em condomínios.

Mas a indústria de Milwaukee não desapareceu inteiramente. Hoje, aguenta-se sossegada, após se transferir do centro da cidade para os subúrbios, como a maior parte da vida urbana americana. De manhã cedo, segui esse caminho de carro, de um hotel no centro, numa rua deserta, a um novo bairro industrial, no extremo noroeste da cidade. Passei por um McDonald's, um Denny's, um Olive Garden e um IHOP, depois entrei à esquerda, numa revenda da Honda. Cabos de alta tensão exibiam-se no alto, e passei pela lombada de um ramal ferroviário que seguia por dezenas de quilômetros, até o vale Menomonee. Numa série de ruas de subúrbio planas e largas, havia uma concentração de indústrias que teriam dado orgulho a William Harley e Arthur Davidson. Em um prédio, produziam latas de cerveja; em outro, rolamentos de aço. Havia fábricas de chaves de carro, peças de avião, aço estrutural, resistores, escovas de carbono, fantasias de mascotes e placas industriais – que diziam coisas como FAVOR CALÇAR AS RODAS PARA CARGA E DESCARGA. Meu destino era o prédio caramelo bem cuidado, do outro lado da estrada, que tinha um "KN" gigante pintado na lateral.

A Kubin-Nicholson foi fundada em 1926, produzindo cartazes em serigrafia para uma gráfica da South First Street de Milwaukee. Na época, ramificou-se para placas para açougues, armazéns e lojas de departamentos, antes de se concentrar em anúncios de tabaco, impressos em Milwaukee e afixados nos prédios de todo o Meio-Oeste. A Kubin-Nicholson era a "gráfica do imenso". Sua impressora atual – do tamanho de um ônibus escolar – fica dentro de um galpão enorme. Sua instalação exigiu uma equipe de engenheiros alemães durante quatro meses, que pegavam um avião para visitar a família em sua terra natal nos fins de semana. Era um animal raro, com menos de vinte semelhantes em todos os Estados Unidos. E, naquela manhã, um animal frustrantemente silencioso.

A tinta preta tinha parado de funcionar. Telefonaram para o pessoal de suporte técnico, na Europa, que acessou remotamente a máquina para tentar diagnosticar o problema. Fiquei observando de dentro de uma sala envidraçada, para clientes, enquanto o impressor examinava-lhe as entranhas, com um telefone sem fio aninhado na cavidade do pescoço e uma chave de fenda comprida na mão. A meu lado estava Markus Krisetya, que naquele dia veio de Washington para supervisionar o trabalho da impressora. Queria ter certeza de que a tinta estivesse precisamente calibrada, para que a quantidade certa de cada cor fosse distribuída pelo papel tamanho pôster. Não era o tipo de coisa que poderia ser feita por e-mail. Nenhuma varredura digital capturaria corretamente a nuance. O FedEx seria lento demais para as idas e vindas e as tentativas e erros necessários para os ajustes finais. Krisetya aceitava isso como uma daquelas coisas que ainda precisavam ser feitas pessoalmente, um fato ainda mais surpreendente, tendo em vista o que era impresso: um mapa da Internet.

Krisetya era seu cartógrafo. Todo ano, seus colegas da TeleGeography, uma empresa de pesquisa de mercado de Washington, pesquisavam empresas de telecomunicações de todo o mundo em busca das últimas informações sobre a capacidade de suas linhas de dados, suas rotas mais movimentadas e os planos de expansão. Os cartógrafos da TeleGeography não usam nenhum algoritmo extravagante ou software patenteado de análise de dados. Trabalham com um processo antiquado de telefonar para os contatos do setor e conquistar sua confiança, depois escolhem o momento certo de dar alguns saltos de conjectura. A maior parte deste esforço vai para um grande relatório anual conhecido como *Global Internet Geography*, ou *GIG*, vendido ao setor de telecomunicações por 5.495 dólares a unidade. Mas alguns dados fundamentais são desviados para uma série de mapas criados por Krisetya. Um deles diagramava a arquitetura *backbone* da Internet, as principais ligações entre as cidades. Outro ilustrava a quantidade de tráfego de rede, condensado trilhões de bits de movimento em uma série de linhas grossas e finas. Um terceiro – o mapa na impressora, naquela manhã, em Milwaukee – mostrava os cabos de comunicações submarinos do mundo, as conexões físicas entre os continentes. Todos eram representações dos espaços intermediários, os fios de conexão que costumamos ignorar. Os países e continentes eram o que vinha depois; sua ação acontecia no vazio dos oceanos. Entretanto, esses mapas também eram representações de objetos físicos: cabos de verdade, cheios de filamentos de vidro, estes cheios de luz – construções humanas incríveis, do tipo que daria orgulho a um natural de Milwaukee.

Krisetya rendia homenagem a seu próprio ofício. Quando cada desenho de mapa estava completo, ele transferia eletronicamente o arquivo para Milwaukee, depois o seguia. Hospedava-se no hotel executivo do centro que tivesse preço reduzido, depois vinha para cá, de manhã bem cedo, sem trazer nada além de uma pequena bolsa de ginástica e seus olhos. Conhecia máquinas grandes como esta. Depois da faculdade nos Estados Unidos, voltou à sua Indonésia natal, para trabalhar como engenheiro de sistemas de banco de dados, principalmente para a indústria de mineração. Jovem, magro, de maneiras tranquilas, adaptável, ansioso por aventuras, ele apareceria num acampamento remoto, no meio da selva, pronto para mexer com seus *mainframes*. Quando mais novo, desenhou mapas fantásticos dos reinos de *Dungeons & Dragons*, plagiados de versões fotocopiadas ilegalmente dos livros de regras que, de algum modo, tinham chegado à sua cidade, Salatiga. "Eu adorava desenhar histórias no papel e marcar as distâncias desse jeito estranho", disse-me ele, olhando a impressora silenciosa. "Foi aí que começou meu fascínio pelos mapas." Só quando voltou aos Estados Unidos para estudar relações internacionais na pós-graduação é que sua futura esposa, estudante de geografia, estimulou-o a fazer um curso de cartografia ministrado por Mark Monmonier, autor do cult *How to Lie with Maps* [Como mentir com mapas]. A piada do título é que os mapas nunca mostram lugares; expressam e reforçam interesses. Quando a TeleGeography ofereceu a Krisetya um emprego, em 1999, ele já sabia a questão: os mapas projetam uma imagem do mundo – mas o que significam para a Internet?

Com a ajuda do pessoal de suporte técnico na Alemanha, o impressor finalmente ressuscitou a máquina gigante, e suas vibrações chacoalharam os batentes das portas – *un-cha, un-cha, un cha*. "Estou ouvindo papel!", exclamou Krisetya. Uma prova de impressão foi estendida em um grande cavalete iluminado por lâmpadas *klieg*, como numa mesa de cirurgia. Krisetya tira os óculos de aro grosso e leva uma lupa ao olho. Eu observo por cima de seu ombro, semicerrando os olhos para as luzes fortes, esforçando-me para apreender o mundo retratado nesse mapa.

Era uma projeção de Mercator, com os continentes desenhados em preto e as fronteiras internacionais gravadas, como que posteriormente, por traços finos. Linhas rígidas amarelas e vermelhas riscavam o Atlântico e o Pacífico, recortando os continentes ao sul. E convergiam em lugares-chave: norte e sul da cidade de Nova York, no sudoeste da Inglaterra, os estreitos próximos a Taiwan e o mar Vermelho – tão apertadas ali que formavam uma única marca grossa. Cada linha representava um só cabo, com meros centímetros de diâmetro, mas milhares de quilômetros de extensão. Se você erguesse um deles do leito marinho e cortasse uma seção transversal, encontraria um invólucro de plástico rígido cercando um núcleo interno de filamentos de vidro envoltos em aço, cada um da espessura de um fio de cabelo humano e emitindo levemente uma luz vermelha. No mapa, pareciam imensos; no fundo do mar, seriam como uma mangueira de jardim sob sedimento flutuante. Pareciam comprimir a aldeia eletrônica global no próprio globo magnético.

Krisetya examinou cada centímetro da prova de impressão, apontando imperfeições. O impressor respondeu movendo alavancas para cima e para baixo num imenso painel de controle, como na mesa de som de um show de rock. A intervalos de poucos minutos, a impressora gigante girava e cuspia algumas cópias da mais nova versão. Krisetya, então, voltava ao exame, centímetro por centímetro, até que, por fim, baixou a lente de aumento e assentiu, em silêncio. O impressor fixou um adesivo laranja ao pé do mapa, e Krisetya assinou com um marcador preto, como um artista. Esta era a prova mestra, a representação definitiva e original da paisagem das telecomunicações submarinas da Terra em 2010.

O mundo em rede alega não ter atritos – alega permitir que as coisas estejam em toda parte. Transferir o arquivo eletrônico do mapa para Milwaukee foi tão tranquilo quanto enviar um e-mail. Mas o mapa em si não estava em JPEG, nem em PDF, nem era um mapa escalonável do Google, mas algo fixo e duradouro – impresso em um papel sintético chamado Yupo, atualizado uma vez por ano, vendido por 250 dólares, embalado em tubos de papelão e enviado ao mundo todo. O mapa da TeleGeography contendo a infraestrutura física da Internet era ele mesmo do mundo físico. Pode representar a Internet, mas inevitavelmente veio de algum lugar – especificamente da North Eighty-Seventh Street, em Milwaukee, um lugar que sabia algo sobre como o mundo era feito.

Partir em busca da Internet física foi partir em busca dos hiatos entre o fluido e o fixo. Perguntar o que pode acontecer *em qualquer lugar*? E o que deve acontecer *aqui*? Eu não sabia disso na época, mas em uma das muitas ironias estranhas envolvidas na visita à Internet, no ano e meio seguinte eu veria os mapas da TeleGeography pendurados nas paredes de prédios da Internet em todo o mundo – em Miami, Amsterdã, Lisboa, Londres e em toda parte. Apertados em suas molduras plásticas de material de escritório, eram acessórios desses lugares, faziam parte da atmosfera, como as caixas de papelão pardas empilhadas nos cantos ou as câmeras de vigilância que se projetavam das paredes. Os mapas eram, em si, como as tintas que traçam a dinâmica fluida, sua simples presença destacando as correntes e contracorrentes da Internet física.

Quando o esquilo roeu o fio em meu quintal, no Brooklyn, eu só tive uma leve noção de como a Internet é construída. Imaginei que minha empresa de banda larga deveria ter um *hub* central, em algum lugar – quem sabe em Long Island, onde ficava a sede corporativa? Mas depois disso só pude imaginar que os caminhos iam para todo lado, os bits espalhavam-se como bolas de pingue-pongue, quicando por dezenas, se não centenas de tubos – mais do que poderia ser contado, o que é basicamente o mesmo que dizer nenhum. Soube de um *backbone* da Internet, uma espinha dorsal, mas os detalhes eram vagos, e se fosse mesmo grande coisa, imagino que teria ouvido mais. No mínimo, acabaria entupida ou quebrada, teria sido comprada ou vendida. Como nas ligações internacionais, os cabos submarinos pareciam míticos, algo saído de Júlio Verne. A Internet – a que aparecia em minha onipresente tela – era mais conceitual do que real. A única parte concreta de que eu tinha uma imagem clara eram aqueles grandes data centers, cujas fotografias eu tinha visto em revistas. Sempre pareciam iguais: pisos de linóleo, feixes grossos de cabos e luzes intermitentes. O poder das imagens não vinha de sua individualidade, mas de sua uniformidade. Implicava uma infinidade de outras máquinas, postadas invisivelmente por trás delas. Segundo minha compreensão (que não era muita), estas eram as partes da Internet. Então, o que eu procurava?

 Tornei-me um viajante de poltrona, interrogando engenheiros de rede com as mesmas perguntas: como a rede é construída? O que eu devia ver? Aonde ir? Comecei a pensar em um itinerário, uma lista de cidades e países, de monumentos e centros. Mas o processo chegou rapidamente a uma pergunta mais fundamental sobre a rede das redes: o que era uma rede? Eu tinha uma em casa. A Verizon também tinha uma. E também os bancos, escolas e praticamente todo mundo, algumas tomando prédios, outras, cidades, e algumas, o mundo todo. Sentado a minha mesa, pensei que tudo parecia coexistir em relativa paz e prosperidade. Lá fora, no mundo, como todas elas se uniam, fisicamente?

Depois de criar coragem para perguntar a todos, a história começou a fazer mais sentido. Por acaso, a Internet tem certa profundidade. Correm múltiplas redes pelos mesmos fios, embora sejam de propriedade e operadas por organizações independentes – talvez uma universidade, uma empresa de telefonia, digamos, ou uma empresa de telefonia contratada por uma universidade. As redes *carregam* redes. Uma empresa pode ser dona dos cabos de fibra óptica, enquanto outra opera os sinais luminosos que pulsam por essas fibras, e uma terceira possui (ou, mais provavelmente, aluga) a largura de banda codificada naquela luz. A China Telecom, por exemplo, opera uma robusta rede norte-americana – não dirigindo tratores pelo continente, mas arrendando filamentos de fibras existentes, ou apenas comprimentos de onda de luz dentro de uma fibra compartilhada.

Essa justaposição geográfica e física era fundamental para compreender onde e o que era a Internet. Mas significava que eu tinha de esquecer a velha e enganadora metáfora da "superestrada da informação". A rede não era uma "superestrada" movimentada, com "carros" transportando dados. Tive de reconhecer, ali, a camada a mais de propriedade: a rede mais parece os caminhões numa rodovia do que a rodovia em si. Isso torna provável que muitas redes individuais – "sistemas autônomos", no jargão da Internet – corram pelos mesmos cabos, seus elétrons ou fótons carregados de informações acotovelando-se pelo interior, como carretas na estrada.

Nesse caso, podemos imaginar que as redes que compõem a Internet existem em três reinos coincidentes: o lógico, que significa a forma mágica e (para a maioria de nós) nebulosa com que viajam os sinais eletrônicos; o físico, isto é, as máquinas e fios por onde os sinais correm; e o geográfico, os lugares alcançados por esses sinais. A compreensão do reino lógico requer, inevitavelmente, muito conhecimento especializado; a maioria de nós deixa isso aos programadores e engenheiros. Mas os outros dois reinos – o físico e o geográfico – fazem parte de nosso mundo conhecido. São acessíveis aos sentidos. Mas estão ocultos. Na realidade, tentar vê-los perturbou o modo como eu imaginava os interstícios dos mundos físico e eletrônico.

Foi surpreendente para mim que eu não tivesse dificuldades de pensar em uma rede física de alguma coisa, como uma ferrovia ou uma cidade; afinal, ela compartilha o mundo físico em que existimos como humanos e em que aprendemos a viver quando crianças. Da mesma forma, quem usa um computador está no mínimo à vontade com a ideia do mundo "lógico", mesmo que não costumemos chamá-lo assim. Nós nos conectamos em nossa casa ou redes do escritório a um serviço de e-mail, banco ou rede social – todos redes lógicas, que prendem nossa atenção durante horas intermináveis. Entretanto, de maneira nenhuma conseguimos apreender aquela ligação estreita entre o físico e o lógico.

Eis aí o abismo raras vezes reconhecido em nossa compreensão do mundo – uma espécie de pecado original do século XXI. A Internet está em toda a parte; a Internet não está em lugar nenhum. Mas sem nenhuma dúvida, e embora pareça tanto invisível como lógica, sua contraparte física é sempre presente.

Eu não estava preparado para o que isso significava na prática. As fotos da Internet sempre eram em close. Não havia contexto, nem bairro, nem história. Os lugares pareciam intercambiáveis. Eu entendia que existiam essas camadas, mas não estava claro para mim como apareciam diante do meu rosto. Por definição, as distinções lógicas eram invisíveis. Então, o que eu ia ver? E o que realmente procurava?

Alguns dias antes de partir para Milwaukee, mandei um e-mail a um engenheiro de rede que vinha me ajudando com o básico sobre como a Internet era construída. Por acaso, ele era do Wisconsin. "Se vai a Milwaukee, há um lugar que você 'deve' visitar", escreveu ele. Havia um antigo prédio no centro "tomado de Internet". E ele conhecia um cara que poderia me mostrar tudo. "Você viu os *Goonies*?", perguntou. "Leve sua melhor câmera." Depois de aprovar as provas de impressão na Kubin-Nicholson, Krisetya em geral passava a tarde no museu de artes antes de pegar o avião para casa. Mas ficou ansioso para me acompanhar. Então fomos a uma lanchonete no centro para conhecer um estranho que nos mostraria a Internet de Milwaukee.

Em seu site, Jon Auer listou entre seus livros preferidos *Router Security Strategies* e *Como fazer amigos e influenciar pessoas*. Sua página no Flickr consistia principalmente em fotos de equipamento de telecomunicações. Pessoalmente, ele tinha as bochechas rosadas e óculos com aro de metal, e naquele dia gélido do inverno do Wisconsin vestia um moletom com capuz, sem casaco, e carregava uma bolsa carteiro com estampa de camuflagem. Combinava com o estereótipo do *geek*, mas qualquer deficiência social que pudesse ter foi transformada em uma paixão pura – e rendeu um bom emprego, a administração da rede de uma empresa provedora de acesso à Internet a cidades por todo o sudeste do Wisconsin, principalmente lugares distantes ou modorrentos demais para atrair o interesse das grandes operadoras de telefone e TV a cabo. No almoço, ele falava quase aos sussurros, dando a impressão de que o que estávamos prestes a fazer era um tanto ilícito, mas não era motivo de preocupação. Esse era seu território, seu quintal. Ele tinha todas as chaves – e quando não tinha, sabia a combinação dos cadeados. Embrulhou seu sanduíche e nos levou pela porta dos fundos da loja diretamente ao saguão do prédio que, por acaso, era o centro da Internet em Milwaukee.

Construído em 1901 por um importante homem de negócios de Milwaukee, e antes sede do Milwaukee Athletic Club, os dias do prédio como endereço de prestígio claramente já se foram. Nos últimos anos, a cidade conseguiu revitalizar o centro, mas a vitalidade não se estendia a esse lugar melancólico. Uma segurança indiferente e de olhos sonolentos estava sentada a uma mesa gasta, em um saguão vazio. Auer assentiu em direção a ela e nos levou ao porão por um estreito corredor ladrilhado. Luzes fluorescentes zumbiam baixo. Havia pilhas empoeiradas de caixas de arquivo e montes precários de mobília abandonada, de escritório. O teto era totalmente tomado por um emaranhado de canos e fios, torcidos como raízes num manguezal. Eram de todos os tamanhos: largos conduítes de aço do diâmetro de pratos, dutos laranja de plástico, como mangueiras de aspiradores de pó e o ocasional fio preto pendurado sozinho – o trabalho comum de um engenheiro de rede apressado. Auer meneou a cabeça para isso, reprovando. Ocorreu-me um pensamento mais prosaico: *Olha só, todos esses tubos!* Dentro deles havia cabos de fibra óptica, filamentos de vidro com informações codificadas em pulsos de luz. Em uma direção, eles passavam pela parede da fundação e por baixo da rua, indo para a rodovia – principalmente para Chicago, disse Auer. Na outra direção, atravessavam o teto do porão, até um antigo duto, e subiam aos escritórios convertidos em salas de equipamentos das dezenas de empresas de Internet que colonizaram o prédio, abastecidos, primeiro, de uma fibra, depois, de outra, uma atraindo a seguinte, desalojando constantemente as firmas de advocacia de segunda e consultórios dentários amarelados. Algumas eram provedores de Internet, como o de Auer, que conectavam pessoas nas cercanias; outras operavam pequenos data centers, que hospedavam sites de empresas locais em discos rígidos escada acima. Auer apontou uma caixa de aço enfiada num canto escuro, piscando seus LEDs. Era o ponto de acesso principal para a rede de dados municipal de Milwaukee, conectando bibliotecas, escolas e escritórios do governo. Sem ela, milhares de servidores públicos bateriam o mouse na mesa, frustrados.

"Tudo isso é questão de segurança interna, mas olha o que alguém pode fazer aqui com uma serra elétrica", disse Auer. Krisetya e eu tiramos fotos, explodindo os flashes da câmara nos recantos escuros do porão. Éramos espeleologistas numa caverna de fios.

Subimos, e os corredores vazios tinham cheiro de mofo. Passamos por escritórios vagos, de portas entreabertas. O espaço de Auer parecia pertencer a um detetive particular de filme *noir*. As três pequenas salas tinham piso de linóleo e venezianas gastas. As janelas de folhas duplas estavam escancaradas no inverno, o modo mais barato de resfriar o maquinário. A única evidência da antiga opulência do prédio era um pedaço de mosaico no piso, jogado num canto como uma caneca quebrada. A parte da Internet de Auer estava instalada, sem nenhuma cerimônia, em uma plataforma elevada: duas estantes de aço do tamanho de um homem, com meia dúzia de máquinas, acomodadas em um ninho de cabos. O principal equipamento era um roteador Cisco 6500, preto, do tamanho de algumas caixas de pizza empilhadas, seu chassi tatuado de etiquetas de estoque com códigos de barras e LEDs verdes, piscantes.

Para os 25 mil clientes que dependiam da empresa de Auer para se conectar à "Internet", essa máquina era a rampa de acesso. Sua tarefa era ler o destino de um pacote de dados e enviá-los por um de dois caminhos. O primeiro subia a uma sala de equipamento que pertencia à Cogent, provedora de Internet no atacado, que servia a cidades que iam de San Francisco a Kiev. Um cabo amarelo passava por um poço, entrava por uma parede e se conectava ao equipamento da Cogent, ele mesmo conectado a companheiros eletrônicos em Chicago e Minneapolis. Esse prédio era o único "ponto de presença" da Cogent em todo Wisconsin, o único lugar de parada do trem expresso da Cogent; por isso, a empresa de Auer estava aqui, além de todas as outras. O segundo cabo ia para a Time Warner, cuja divisão de Internet por atacado fornecia uma conexão adicional, um backup, ligando a parte da Internet de Auer a todo o resto.

De modo geral, o prédio parecia um labirinto, lotado de 100 anos de cabos torcidos e sonhos dilacerados. Mas em sua particularidade essa parte da Internet – a parte de Auer – era surpreendentemente compreensível; não era uma cidade interminável, mas uma simples bifurcação na estrada. Perguntei a Auer o que acontecia depois dali, e ele deu de ombros. "O que me importa é onde podemos falar com a Cogent ou a Time Warner, quer dizer, este prédio. Depois daqui, sai da minha alçada." Para quase 25 mil moradores do Wisconsin, essa era a fonte. Sua Internet ia por aqui e por ali: dois cabos amarelos que levavam, por fim, ao mundo. Toda jornada – seja física ou virtual – começa com apenas um passo.

Algumas semanas depois, eu ia a Washington visitar os escritórios da TeleGeography, para entender melhor como Krisetya desenhava um mapa claro do polpudo bolo em camadas da Internet. Mas na noite anterior a minha partida, Nova York foi atingida por uma nevasca, e eu mandei um e-mail a Krisetya informando que chegaria mais tarde do que o previsto. Enquanto o trem avançava ao sul por Nova Jersey, a neve começou a diminuir, e assim, quando paramos em Washington, o manto branco que eu tinha deixado em Nova York dera lugar a um céu cinza-claro e a calçadas secas. Era como se tivessem erguido rapidamente o véu que caíra sobre a paisagem durante o percurso. Ao chegar à capital, abri meu laptop no meio do grande saguão neoclássico da Union Station para entrar em uma rede Wi-Fi de uma lanchonete e enviar um e-mail à Califórnia. Alguns minutos depois, na plataforma do metrô, digitei uma mensagem a minha mulher dizendo que, apesar de Nova York estar paralisada pela neve, eu tinha chegado a Washington (e veremos como será a volta).

Conto aqui todos os detalhes cotidianos da viagem porque na época meus sentidos estavam extraordinariamente sintonizados com as redes que me cercavam, visíveis e invisíveis. Talvez se devesse ao modo como a neve tinha traçado um novo contorno nas formas conhecidas do mundo, enquanto reduzia minha passagem por elas. Ou talvez fosse apenas o início da manhã e o fato de que eu tinha mapas no cérebro. Mas enquanto o trem deslizava pelo canto de Nova Jersey, emergindo da tempestade, eu podia imaginar os e-mails seguindo (embora mais rápidos) pelo mesmo caminho. Soubera há pouco tempo que muitas rotas de fibra óptica entre Nova York e Washington tinham sido instaladas junto às ferrovias, e eu começava a imaginar a rota de meu e-mail para a Califórnia: pode ter voltado a Nova York, de onde parti, antes de atravessar o país, ou pode ter continuado mais para o oeste, até Ashburn, na Virgínia, onde havia um cruzamento de redes especialmente importante. Não importava a rota exata desse e-mail; o que contava era que a Internet não parecia mais infinita. O mundo invisível se revelava.

Em um bairro de lobistas sisudos e firmas de advocacia revestidas de madeira, o escritório da TeleGeography na K Street se destaca por suas paredes verde-lima, tetos expostos e divisórias dos cubículos translúcidas. A porta da frente girava criativamente em seu ponto central. Mapas revestiam as paredes, é claro. Em um deles, a Espanha tinha sido enfeitada com um bigode de Groucho Marx, vestígio de uma festa recente. Krisetya me recebeu no escritório, à mesa, com uma pilha alta de livros sobre design de informação. Quando ingressou na TeleGeography, em 1999, foi colocado para trabalhar logo no primeiro grande relatório da empresa, *Hubs + Spokes: A TeleGeography Internet Reader*. Foi um pioneiro. Antes, havia mapas geográficos mostrando as redes que cada corporação ou órgão governamental operava, e havia diagramas "lógicos" de toda a Internet, como um mapa do metrô. Nenhum deles dava uma noção forte de como a Internet se unia e divergia da geografia do mundo real de cidades e países. Que lugares eram *mais* conectados? Onde ficavam os *hubs*?

Krisetya começou a procurar novas maneiras de retratar essa combinação do mundo geopolítico e o de rede. Mesclou os contornos dos continentes com diagramas das redes, "sempre estendendo algo abstrato por cima do que é conhecido, sempre procurando conferir mais significado ao mapa". Outros tipos de mapa lidavam por muito tempo com as mesmas questões – como os de rotas aéreas ou do metrô. Nos dois casos, os pontos finais eram mais importantes do que o caminho em si. Sempre precisavam equilibrar o funcionamento interno do sistema com o mundo externo que conectavam. O mapa do metrô de Londres pode ser o ponto alto do gênero: uma ficção geográfica que desloca as criações do mundo real, deixando em sua esteira uma espécie de cidade alternativa, que se torna tão real quanto a verdadeira.

Em seus mapas, Krisetya retratou isso, mostrando as rotas de tráfego mais pesado entre as cidades, como as que existem entre Nova York e Londres, com as linhas mais grossas – não porque houvesse necessariamente mais cabos ali (ou algum cabo supergrosso), mas porque era a rota pela qual fluía a maior parte dos dados. Esse insight remontava ao primeiro relatório. "Se você olhar o interior da nuvem da Internet, começa a surgir uma estrutura de eixo e raios nítida, tanto no âmbito operacional (de rede) como no físico (geopolítico)", explicou ele. A estrutura da Internet "baseava-se em um núcleo de conectividade em rede, entre cidades do mundo em regiões costeiras – o Vale do Silício, Nova York e Washington; Londres, Paris, Amsterdã e Frankfurt; Tóquio e Seul". E ainda é assim.

A versão de hoje – a qual a TeleGeography chama de *GIG* – é a bíblia das grandes empresas de telecomunicações. A chave para sua abordagem ainda é ver o tráfego da Internet que se concentra entre cidades poderosas. A TeleGeography decompõe a nuvem em um sistema claro de comunicação de segmentos, ponto a ponto. Ao contrário de sua fluidez ostensiva, a geografia da Internet reflete a geografia da Terra; prende-se às fronteiras das nações e às margens dos continentes. "Essa é a pepita de nossa abordagem", explicou-me Krisetya em sua sala, parecendo um monitor universitário. "Sempre damos mais ênfase à geografia real do que às conexões intermediárias. No início, era com isso que estávamos mais familiarizados. Quando a Internet ainda era muito abstrata, sabíamos onde estavam as duas pontas, mesmo que não entendêssemos como isso tudo foi construído."

Isso tem certo sentido. O mundo é real; Londres é Londres, Nova York é Nova York, e as duas cidades têm muito a dizer uma à outra. Mas eu ainda me prendia ao que parecia uma questão simples: fisicamente falando, o que *eram* todas aquelas linhas? E onde precisamente passavam? Se a TeleGeography compreendeu corretamente que a Internet era "ponto a ponto", o que eram e onde ficavam estes pontos?

Os analistas da TeleGeography, por sua vez, não saem pelo mundo com um GPS e uma prancheta. Não prendem sensores à Internet para medir a velocidade da passagem dos bits, como um hidrômetro. Seu processo é de baixa tecnologia: distribuem um questionário simples a executivos de telecomunicações, requisitando informações sobre suas redes, em troca da promessa de manter a confidencialidade e partilhar com eles a informação agregada. E depois a TeleGeography consulta a própria Internet.

Para que eu soubesse como, Krisetya me deixou na mesa organizada de Bonnie Crouch, a jovem analista responsável por reunir e interpretar os dados da TeleGeography na Ásia. O trabalho diplomático de discutir e coletar as informações das empresas de telefonia foi terminado, e as respostas foram carregadas no banco de dados da TeleGeography. O trabalho de Crouch era confirmar o que disseram essas empresas, com base nos padrões de tráfego reais da Internet. Os cartógrafos falam de "verificação de campo": as medidas feitas pessoalmente e usadas para aferir a precisão do "sensor remoto" – que, na cartografia contemporânea, significa fotos áreas ou de satélite. A TeleGeography tem sua própria maneira de fazer a "verificação de campo" da Internet.

Quando entro com um endereço em meu navegador, ocorrem mil processos mínimos. Mas em termos mais fundamentais, estou pedindo a um computador distante que envie informações a um computador próximo, aquele diante de mim. Navegando na web, em geral isso significa que um comando curto – "mande-me o *post* deste blog!" – é rebatido com um tesouro muito maior, o *post* do blog. Por trás da URL – digamos, www.mapgees.com – há um envelope autoendereçado, com as instruções que conectam dois computadores quaisquer. Cada parte ou "pacote" de dados que viaja pela Internet é rotulada com seu destino, conhecido como endereço "IP". Estes endereços são agrupados no equivalente dos códigos postais, chamados "prefixos", fornecidos por um corpo de governança internacional, a Internet Assigned Numbers Authority (Autoridade para Atribuição de Números da Internet). Mas as rotas em si não são atribuídas por ninguém. Cada roteador anuncia a existência de todos os computadores e todos os outros roteadores "por trás" deles, como se colocasse uma placa dizendo TAL SEÇÃO DA INTERNET, POR ALI. Esses anúncios são então passados de um roteador a outro, como uma boa fofoca. Por exemplo, o roteador de Jon Auer em Milwaukee fica na porta de seus 25 mil clientes, agrupados em apenas quatro prefixos. Ele anuncia sua presença aos dois roteadores vizinhos, pertencentes à Cogent e à Time Warner. Esses dois roteadores vizinhos tomam nota, e passam a notícia a seus vizinhos – e assim por diante, até que cada roteador na Internet passa a saber quem está por trás de quem. A lista agregada completa de destinos é conhecida como "tabela de roteamento". No fim de 2010, tinha quase 400 mil entradas, e seu crescimento era constante. Toda a coisa é armazenada na memória interna do roteador, enquanto um *cartão de memória* compacto, como aquele usado em câmeras digitais, guarda o código operacional. Auer compra o dele no mercadinho do seu bairro.

Duas coisas me surpreendem nisso. A primeira é que cada endereço de IP é, por definição, de conhecimento público; estar na Internet é querer ser encontrado. A segunda é que o anúncio de cada rota é baseado inteiramente na confiança. A Internet Assigned Numbers Authority fornece os prefixos, mas qualquer um pode colocar uma placa apontando o caminho. E às vezes dá tudo errado. Em um incidente famoso, em fevereiro de 2008, o governo paquistanês instruiu todos os provedores de Internet de seu país a bloquear o YouTube, devido a um vídeo considerado ofensivo.[2] Mas um engenheiro da Pakistan Telecom, recebendo o memorando em sua mesa, configurou mal seu roteador e, em vez de remover o caminho anunciado para o YouTube, anunciou-o ele mesmo – com efeito, declarando que ele *era* o YouTube. Em dois minutos e meio a rota "sequestrada" foi passada a roteadores pela Internet, levando qualquer um que procurasse pelo YouTube a bater na porta da Pakistan Telecom. Não preciso dizer que o YouTube não estava lá. Para a maior parte do mundo, o YouTube ficou indisponível por quase duas horas, tempo em que a confusão foi corrigida.

Tudo isso parece absurdamente frouxo e informal. Mas vai ao cerne da abertura fundamental da Internet. Há certa vulnerabilidade em ser uma rede na Internet. Quando se conectam, duas redes precisam ter confiança mútua, o que também significa confiar em todos aqueles em que o outro confia. As redes de Internet são promíscuas, mas sua promiscuidade ocorre a céu aberto. É amor livre. Jon Postel, há muito diretor da Internet Assigned Numbers Authority, coloca isso num *koan*, uma regra de ouro para os engenheiros de rede: "Seja conservador no que envia e liberal no que recebe."

Para a TeleGeography, isso quer dizer que tudo está à mostra para quem souber ver. A empresa usa um programa de nome Traceroute, originalmente escrito em 1988 por um cientista da computação do Laboratório Nacional Lawrence Berkeley. Ele ficou farto, escrevendo uma mensagem para a lista de contatos de seus colegas, tentando entender "para onde estão indo as *!?*!* dos pacotes?" e bolou um programa simples, que identificava suas rotas. Entre com um endereço de IP e o Traceroute lhe dará uma lista dos roteadores que atravessa para chegar lá e o tempo (em milissegundos) transcorrido na jornada entre um e outro. A TeleGeography, então, dá um passo além. Seleciona atentamente quinze locais, no mundo todo, procurando especialmente lugares "sem saída", com apenas alguns caminhos para o restante da Internet – as ilhas Faroe dinamarquesas, por exemplo. Depois procura websites por lá que hospedem uma cópia do programa

Traceroute (em geral um departamento de ciência da computação de uma universidade) e dirige esses 15 *hosts* do Traceroute a pesquisar mais de 2.500 "destinos", websites cuidadosamente escolhidos por poderem realmente estar em um disco rígido, no local onde dizem que moram. É improvável que a Universidade Jagiellonian, na Polônia, por exemplo, hospede seu website em, digamos, Nebraska. Isso quer dizer que a TeleGeography, em Washington, estava pedindo a um departamento de ciência da computação da Dinamarca para mostrar como estava conectado com uma universidade da Polônia. É como um refletor na Escandinávia brilhando em 2.500 lugares diferentes pelo mundo, relatando os reflexos únicos. O truque da TeleGeography era descobrir cantos e becos sem saída do mundo real, minimizando assim o número de possíveis caminhos.

Juntos, os 15 *hosts* que a TeleGeography escolheu pesquisaram 2.500 destinos e produziriam mais de 20 mil jornadas pela Internet – e consequentemente pela Terra. Bem poucas dessas jornadas ficam sem conclusão; os rastros se confundem, ficam perdidos no éter. Toda a operação leva vários dias, não porque a TeleGeography tenha um computador lento, ou mesmo uma conexão de Internet lenta. Esses dias representam a duração agregada de todas essas milhares de jornadas, milissegundos sobre milissegundos, em que os pacotes de exploração cruzam a Terra. E não digo "cruzam" à toa. Estes caminhos não são nada aleatórios ou imaginários. Cada pacote – um fardo de matemática, na forma de sinais elétricos ou pulsos de luz – move-se por vias físicas muito específicas. O objetivo de cada rastreamento é identificar essa especificidade, esse registro singular de uma jornada. Teoricamente, você pode dividir a tarefa de pesquisar cada rastro entre múltiplos computadores, mas não há como acelerar o rastreamento, do mesmo modo que não se pode acelerar a velocidade da luz. Os pacotes levam, em sua jornada, o tempo que precisam levar. Cada jornada registrada é como uma série de postais mínimos de todo o planeta. A TeleGeography dispõe, então, as dezenas de milhares delas como se fossem cordões de *papier-mâché*, até surgir o padrão.

Crouch e os outros analistas verificam então as rotas manualmente. "Algum país de interesse particular?", ela me pergunta, com a expansividade geográfica que eu rapidamente aprendo a amar no pessoal da Internet. Digo para escolher o que ela conhece melhor e ela escolhe o Japão – fugindo da ambiguidade das redes chinesas. Na tela, rola uma longa lista de letras e números, como um catálogo telefônico sem os nomes. Cada agrupamento representa os resultados de um único rastro – das ilhas Faroe a Hokkaido, por exemplo. Cada linha representava um único roteador: uma única máquina em uma sala refrigerada, enviando pacotes meticulosamente. Com o tempo, os códigos se tornaram familiares a Crouch, como as ruas de Londres são a um taxista. "Você começa a sentir como as empresas batizam seus roteadores", disse ela. "Como aquele que vai de SYD a HKG – os códigos de aeroporto para Sydney a Hong Kong. E a operadora nos disse que está administrando essa rota, então não precisamos nos preocupar com isso." Ao ler estas listas, seu objetivo é confirmar que as operadoras lidam com as rotas que dizem operar e, com um olhar mais objetivo, avaliar a quantidade de tráfego nesta rota. "Nossa pesquisa nos dá todas as peças do quebra-cabeça: a largura de banda, a capacidade de Internet, algumas informações de tarifas. Podemos preencher os hiatos entre um e outro com alguma precisão razoável."

Ocorreu-me que Crouch fazia parte da pequena fraternidade global que conhece a geografia da Internet como a maioria das pessoas conhece sua cidade natal. Seu chefe, um texano de nome Alan Maudlin, que chefia a equipe de analistas da TeleGeography de sua casa, em Bratislava, o que me pareceu improvável, tinha um dos melhores mapas mentais da infraestrutura física da Internet. Falei com ele antes de ir lá. "Não preciso olhar o mapa", disse-me ele pelo Skype. "Tenho-o em minha mente, e quase posso apontar os cabos que conectam tudo no mundo." Em vez de mapas da Internet, seu escritório na Eslováquia foi decorado com mapas antigos do Texas. "Acho que é como *Matrix*, onde você pode ver o código. Nem preciso pensar mais nisso. Posso simplesmente ver para onde ele vai. Sei em que cidade está o roteador e para onde o pacote está indo. É muito esquisito. Mas é fácil fluir por tudo isso depois que se sabe o que procura."

Entretanto, o que me impressiona tanto – e frequentemente é tão negligenciado – é que cada roteador está adequadamente *presente*. Cada roteador é um ponto mediano singular, uma caixa física, em um lugar real, em uma jornada de pacote pela Terra real. Dois bilhões de pessoas usam a Internet de cada país do planeta; aviões têm Wi-Fi; astronautas navegam na web do espaço. A questão "onde está a Internet?" deve parecer fútil, porque, ora, *onde ela não está*? No entanto, olhando por sobre o ombro de Crouch, vendo-a identificar o nome codificado de cada máquina, numa cidade do outro lado do mundo, a Internet não parecia nada infinita. Parecia um colar cingindo a Terra. Formando que padrão? Será que se pareceria com os mapas de rota, na contracapa de uma revista de companhia aérea? Ou seria mais caótico, como uma tigela de espaguete ou o metrô de Londres? Antes, eu imaginava que a Internet era algo orgânico, para além do projeto humano, como uma colônia de formigas ou uma cadeia de montanhas. Mas agora seus projetistas pareciam presentes, não uma turba inumerável, mas uma lista de contatos organizada em um laptop em Washington. Então, quem eram eles? Por que instalaram suas redes ali? Onde tudo isso começava?

2
Uma rede de redes

Eu queria saber onde começava a Internet, mas a questão se tornou mais complicada do que imaginava. Para uma invenção que domina nossa vida diária – reconhecida como a força transformadora que marcou época na sociedade global –, a história da Internet é surpreendentemente esquecida. Todas as histórias sérias que ocupam um livro parecem ter sido publicadas em 1999, como se a Internet tivesse terminado na época – como se estivesse terminada agora. Porém, mais do que a época, cada uma dessas histórias parece ter seus próprios heróis, marcos e inícios. A história da Internet, como a rede, era distribuída. Como afirma um historiador de historiadores (escrevendo em 1998), "a Internet carece de uma figura fundadora central – um Thomas Edison ou um Samuel F. B. Morse".[1] Eu devia saber que as coisas não seriam tão claras quando o autor de *Inventing the Internet*, considerado por muitos a maior autoridade entre eles, começou sugerindo que "a história da Internet traz várias surpresas e confunde alguns pressupostos comuns".[2] Sinto-me como um cara que vaga por uma festa à qual não foi convidado, perguntando quem é o anfitrião e ninguém sabe. Ou quem sabe não existia anfitrião nenhum? Quem sabe o problema é mais filosófico do que isso? A Internet tem algo de ovo-e-galinha: se a Internet é uma rede das redes e precisamos de duas redes para formar uma Internet, então como pode ter havido uma primeira?

Não preciso dizer que nada disso me inspira confiança. Eu tinha partido em busca do real, do concreto, do verificável, mas fui recebido na porta pelo equivalente historiográfico de um tópico de comentários. Minha pergunta teve de ser mais direta, mais baseada em tempo e lugar. A questão era o assunto. "Não ideias sobre a coisa, mas a coisa em si", como escreveu Wallace Stevens.[3] Não onde começou a Internet? Mas onde ficava sua primeira caixa? E isso, pelo menos, estava claro.

No verão de 1969, uma máquina chamada processador de mensagem de interface, ou IMP (Interface Message Processor), foi instalada na Universidade da Califórnia, em Los Angeles, sob a supervisão de um jovem professor de nome Leonard Kleinrock. Ele ainda está lá, um pouco menos jovem, mas com um sorriso juvenil e um website que parecia estimular os visitantes. "Você vai querer me conhecer em meu escritório", respondeu ele, quando lhe mandei um e-mail. "O local original do IMP fica no mesmo corredor." Combinamos tudo. Mas foi apenas quando me acomodei em meu lugar apertado, no avião para Los Angeles, cercado de consultores cansados, de camisas amarrotadas e aspirantes a starlets de óculos escuros, que compreendi todas as implicações de minha viagem: eu ia visitar a Internet, voando 5 mil quilômetros, em uma peregrinação a um lugar meio imaginário. E o que eu esperava encontrar? O que, verdadeiramente, eu procurava?

Suponho que, a certa altura, todos os peregrinos sintam o mesmo. Somos criaturas otimistas. No judaísmo, o Monte do Templo em Jerusalém é o lugar do qual todo mundo se expandiu, o lugar mais próximo de Deus e, o mais importante, de oração. Mas para os muçulmanos o pequeno cubo construído em Meca, conhecido como Kaaba, é o lugar mais sagrado, tão dominante na geografia física do devoto que fica de frente para o monumento, a fim de rezar cinco vezes por dia, onde quer que esteja no mundo, mesmo voando sobre o oceano em um avião. Todo culto, grupo, time, gangue, sociedade, guilda – o que for – tem seu lugar importante, marcado de memória e significado. E a maioria de nós também tem seus lugares individuais: cidade natal, estádio, igreja, praia ou montanha que colocamos, epicamente, acima de nossa vida.

No entanto, esse significado sempre é, de certo modo, pessoal, mesmo que milhões o compartilhem. Os filósofos costumam observar que "lugar" está tanto dentro como fora de nós. Você pode demarcar um lugar no mapa, situar sua latitude e longitude com satélites de posicionamento global e chutar a verdadeira terra de seu verdadeiro solo. Mas isso, inevitavelmente, contará apenas metade da história. A outra metade vem de nós, das histórias que contamos sobre um lugar e nossa experiência nele. Como escreve o filósofo Edward S. Casey, "Descontados os acréscimos culturais ou linguísticos, nunca encontraremos um lugar puro por baixo".[4] Todos encontraremos "qualificações contínuas e cambiantes de determinados lugares". Quando viajamos, fixamos o significado de um lugar em nossa mente. É nos olhos de um peregrino que um local sagrado torna-se mais sagrado. E, ao estar lá, ele afirma não só o significado do lugar, mas também o seu próprio. Nosso lugar físico nos ajuda a conhecer melhor nosso lugar psíquico – nossa identidade. Mas seria isto válido para mim, no caminho para a Internet? Eu ansiava por ver seus lugares mais significativos, mas seriam reais esses lugares? E, se fossem, estaria a Internet tão próxima da religião – uma forma de compreender o mundo – que seria significativo ver esses lugares?

A questão se complicou, na manhã seguinte, em Los Angeles. Acordei ao amanhecer, com o relógio biológico ainda ajustado a Nova York, em um enorme hotel perto do aeroporto, com uma fachada de vidro espelhado e vista da pista. Fiquei de pé à janela, vendo uma fila de jatos pousar em suas sombras. Dentro do quarto, quase toda superfície tinha um pequeno cartão dobrado que indicava os toques de marca que tornavam o quarto adequado aos padrões internacionais da cadeia de hotéis: a cama "Suite Dreams®", a "Coleção de Banho Serenity™", o "serviço característico". Nada era singular ou local, tudo vinha de longe, apontando para uma corporação global. O romancista Walter Kirn chama isto de "Mundo Aéreo" – esses lugares anódinos, de aeroportos e suas cercanias. Tentei dar um chute pós-moderno em tudo isso e invocar meu Ryan Bingham interior, o protagonista do romance de Kirn *Amor sem escalas* (interpretado por George Clooney no cinema) que só se sente em casa aqui, neste mundo homogêneo, embora reconhecidamente confortável – mesmo que "as cidades não grudem em minha cabeça, como antigamente".[5] Mas eu estava oco. Em minha busca pela Internet, eu já estava subindo uma ladeira íngreme, para o singular e o local. Era frustrante também descobrir os lugares ostensivamente reais toldando-se uns nos outros. Eu fora a Los Angeles para tentar levar a rede de volta ao mundo – mas, em vez disso, o mundo parecia ter sucumbido à lógica da rede.

Mas eu não precisava ter me preocupado. Naquela tarde, na UCLA, o momento do nascimento físico da Internet entrou nitidamente em foco, fixado em um lugar muito específico. Na tranquila tarde do feriado de Dia do Trabalho de 1969, um sábado, um pequeno grupo de estudantes de pós-graduação em ciência da computação se reunira no pátio do Boelter Hall com uma garrafa de champanhe. Ali, no mesmo local, conjurei a cena. A ocasião festiva era a chegada de sua nova engenhoca, grande e cara, naquele dia, vinda de Boston por frete aéreo: uma versão modificada e reforçada de um minicomputador Honeywell DDP-516 – "mini", na época, significava uma máquina que pesava 400 quilos e custava 80 mil dólares, o equivalente de quase 500 mil dólares de hoje. Viajara de Cambridge, Massachusetts, da empresa de engenharia Bolt, Beranek and Newman, dona de um contrato de 1 milhão de dólares com o Departamento de Defesa, para construir uma rede de computadores experimental conhecida como ARPANET. Entre as muitas customizações da Bolt havia um novo nome para a máquina: Interface Message Processor. Aquela que subiu a colina para o campus da UCLA era a primeira: IMP n° 1.

A maioria dos alunos de pós-graduação tinha a idade de meus pais, nascidos nos últimos dias da Segunda Guerra Mundial – proto-*baby boomers*, por volta dos 20 anos na época – e vejo isso com pouca clareza em algumas fotos de família da época. Era o verão de Woodstock e do homem na Lua, e até cientistas da computação tinham cabelo desgrenhado e calças de boca larga. É provável que um deles tivesse um button com a palavra *RESISTA* ao lado de um ponto de interrogação, a notação científica para a resistência elétrica, e um símbolo antiguerra popular entre os engenheiros. Todos sabiam que sua verba, 200 mil dólares, para a UCLA apoiar 40 alunos de pós e sua equipe, vinha do Departamento de Defesa. Mas todos também sabiam que o que construíam não era uma arma.

O projeto ARPANET era gerenciado pela Agência de Projetos de Pesquisa Avançada do Departamento de Defesa (ARPA – Advanced Research Projects Agency), fundada na esteira do lançamento do Sputnik, para apoiar a pesquisa científica, uma coisa esotérica e muito avançada, na fronteira tecnológica. A ARPANET certamente se qualificava para isso. Poucas foram as tentativas de conectar computadores por distâncias continentais, que dirá criar uma rede interconectada deles. Embora em algum lugar, nos recessos do Pentágono um general de quatro estrelas tivesse a vaga noção de que a nascente ARPANET podia evoluir para uma rede de comunicação que sobreviveria à guerra nuclear – um mito popular sobre as origens da Internet –, este grupo estava alheio a isto. E, de qualquer modo, o ignoravam. Eram consumidos pelos desafios técnicos de chegar, dentro daquele furgão em movimento, ao lado de suas novas esposas e bebês, e pelas possibilidades infinitas das comunicações por computador. Consumidos, isto é, por intenções pacíficas.

Na época, o Boelter Hall era novo e reluzente, como grande parte de Los Angeles. Construído no início da década de 1960 para abrigar o departamento de engenharia, que se expandia rapidamente, suas linhas modernistas e limpas eram o ponto alto da moda arquitetônica, adequada ao trabalho de vanguarda que ocorria lá dentro – e não era diferente do novo prédio da ciência biomolecular, que agora assoma ao lado dele. Hoje em dia, o Boelter está meio desgastado, com toldos surrados, cobrindo janelas e sacadas de aço enferrujado, dando para um pátio de eucaliptos adultos. A festa de boas-vindas do IMP teria sido dada ali, na sombra desses eucaliptos, em um dia quente do sul da Califórnia. Muito antes dos celulares, eles teriam de calcular o tempo do trajeto do caminhão a partir do aeroporto. Uma empilhadeira esperava por perto, pronta para levar a imensa máquina para dentro do prédio. Será que eles bebiam champanhe em copos de isopor? Teriam tirado fotos com uma das novas câmeras japonesas baratas, que começaram a ser importadas havia pouco tempo? (Se foi assim, perderam-se há muito.) A excitação da ocasião terá sido inconfundível, mesmo que todas as implicações históricas não: esta era a primeira peça da Internet.

Mas enquanto os alunos de pós-graduação comemoravam do lado de fora, seu professor estava no alto, sozinho, no grande escritório, que ele recentemente expandira em um ataque de imperialismo, remexendo em papéis, numa tarde de sábado. Isso eu posso imaginar com exatidão, porque, quando entrei ali, 41 anos depois, Leonard Kleinrock ainda estava sentado no mesmo lugar, animado, aos 75 anos, com uma camisa rosa engomada, calça social preta, com um Blackberry preso ao cinto de couro. Seu rosto era bronzeado e o cabelo basto. Um laptop novo em folha estava aberto em sua mesa, e ele gritava num fone: "Não está pegando!"

Do outro lado, a voz sem corpo de alguém do suporte técnico respondia, lenta e pacientemente: *Clique aí. Agora, clique ali. Digite isto*. Kleinrock olhou por cima dos óculos de leitura e acenou para que eu me sentasse. Depois clicou. E clicou de novo.

Agora tente, disse a voz.

Ele estremeceu. "Aqui diz que não estou conectado à Internet. É o que diz!" Depois riu tanto que seus ombros se sacudiram.

Kleinrock é o pai da Internet – ou melhor, *um dos* pais, uma vez que são muitos. Em 1961, como estudante de pós-graduação no MIT, publicou o primeiro artigo sobre "comutação de pacotes", a ideia de que os dados podiam ser transmitidos com eficiência em pequenos agregados, em vez de em um fluxo contínuo – uma das noções fundamentais por trás da Internet. A ideia já estava no ar. Um professor do Laboratório Nacional de Física britânico chamado Donald Davies, sem o conhecimento de Kleinrock, vinha refinando conceitos semelhantes, de forma independente, assim como Paul Baran, pesquisador da RAND Corporation, em Los Angeles. O trabalho de Baran, iniciado em 1960, por solicitação da Força Aérea dos EUA, objetivava explicitamente projetar uma rede que sobrevivesse a um ataque nuclear. Davies, trabalhando em um ambiente acadêmico, queria apenas melhorar o sistema de comunicações da Inglaterra. Em meados da década de 1960 – época em que Kleinrock estava na UCLA, a caminho de sua efetivação na universidade – essas ideias circulavam entre a pequena comunidade global de cientistas da computação, eram faladas em conferências e escritas em lousas de escritórios. Mas eram apenas ideias. Ninguém ainda tinha encaixado as peças do quebra-cabeça em uma rede funcional. O desafio fundamental que esses pioneiros da rede enfrentaram – e que ainda está no cerne do DNA da Internet – era projetar não apenas uma rede, mas uma rede das redes. Eles não só tentavam conseguir que dois, três ou até mil computadores conversassem, mas que conversassem dois, três ou mil tipos diferentes de computadores, agrupados de todo jeito, dispersos a grandes distâncias. Esse gigantesco desafio era conhecido como *Internetworking*.

Foi preciso o Departamento de Defesa cravar os dentes nisso. Em 1967, um jovem cientista da computação chamado Larry Roberts – colega de sala de Kleinrock no MIT – foi recrutado à ARPA, especificamente para desenvolver uma rede de computadores nacional e experimental. Em julho seguinte, enviou uma proposta detalhada a 140 diferentes empresas de tecnologia, para construírem o que ele inicialmente chamou de "rede ARPA". Começaria em quatro universidades, todas do Oeste: a UCLA, o Instituto de Pesquisa de Stanford, a Universidade de Utah e a Universidade da Califórnia em Santa Bárbara. O viés geográfico não era acidental. Conectar computadores de universidades era uma ideia arriscada – cada faculdade teria, consequentemente, de partilhar sua máquina valorizada e já excessivamente utilizada. As faculdades da Costa Leste tendiam a ser mais conservadoras, ou, no mínimo, menos suscetíveis à capacidade de Roberts de influenciá-las com seu controle sobre o financiamento da ARPA. A Califórnia já possuía uma cultura tecnológica florescente e grandes universidades, mas os primórdios na Costa Oeste da nascente ARPANET têm forte relação com o apetite cultural por ideias novas.

Sob a direção de Kleinrock, a UCLA teria a tarefa adicional de abrigar o Centro de Medição de Rede, responsável pelo estudo do desempenho de sua nova criação. O motivo para isso era tanto pessoal como profissional: não só Kleinrock era o especialista dominante em teoria das redes, mas Roberts confiava em seu velho amigo. Se o trabalho da Bolt, Beranek and Newman era construir a rede, o de Kleinrock seria quebrá-la, testar os limites de seu desempenho. Também significava que a UCLA receberia o primeiro IMP, a ser instalado entre o grande computador partilhado do Departamento de Ciência da Computação, chamado Sigma-7, e as linhas telefônicas especialmente modificadas para outras universidades, que a AT&T teria preparado quando, por fim, a rede existisse. Em seu primeiro mês na Califórnia, o IMP 1 destacava-se sozinho no mundo, uma ilha à espera de seu primeiro link.

"Quer ver?", perguntou Kleinrock, pulando animado da cadeira. Levou-me pelo corredor a uma pequena sala de reuniões a 5 metros de sua mesa. "Aí está – uma bela máquina! Uma máquina realmente magnífica!" O IMP parecia – como todas as coisas famosas – exatamente como nas fotos: do tamanho de uma geladeira, bege, de aço, com botões na frente, como um arquivo, fantasiado de R2-D2. Ele abriu e fechou o gabinete, e girou alguns controles. "Reforçado, construído a partir de um Honeywell DDP-516, estado da arte na época." Eu disse que começara a perceber que a Internet tinha um cheiro, uma estranha, mas diferente mistura do ar-condicionado de potência industrial e o ozônio liberado pelos capacitores, e nós dois nos curvamos para dar uma farejada. O IMP cheirava ao porão do meu avô. "Isso é mofo", disse Kleinrock. "Vamos fechar a porta e deixar esquentar."

A situação atual do IMP certamente carece de cerimônia, enfiado como está no canto de uma salinha de reuniões com cadeiras desiguais e cartazes desbotados nas paredes. Uma pilha de copos de papel para café se projetava de um saco plástico. "Por que está aqui?", perguntou Kleinrock. "Por que não está em uma vitrine maravilhosa em algum lugar no campus? O motivo é que ninguém considera esta máquina importante. Iam jogar fora. Tive de resga-

tá-la. Ninguém reconhece seu valor. Eu disse: 'Temos de guardar essa coisa, é importante!' Mas santo de casa não faz milagre."
Só que isso estava mudando. Recentemente, um aluno de pós-graduação da UCLA entendeu a importância histórica do Boelter Hall e do IMP, e começou a reunir material de arquivo. Depois de anos pedindo à administração da universidade, Kleinrock finalmente conseguira apoio para a construção do Kleinrock Internet Heritage Site and Archive. Comemoraria não só o IMP, mas o momento histórico. "Foi incrível esse grupo de pessoas muito inteligentes, reunidas na mesma época e no mesmo lugar", disse Kleinrock. "Acontece, é meio periódico, quando se vive esse tipo de era de ouro." Na realidade, o grupo reunido em seu laboratório, naquele outono, formava um núcleo do hall da fama da Internet, notadamente Vint Cerf (agora "evangelista-chefe" do Google), que coescreveu o mais importante código operacional da Internet – conhecido como o protocolo TCP/IP – com Steve Crocker, também aluno de Kleinrock, e Jon Postel, que dirige a Internet Assigned Numbers Authority há anos e foi mentor importante de toda uma geração de engenheiros de rede.

O museu seria construído na sala 3.420, onde o IMP foi instalado, no Dia do Trabalho de 1969, até ser retirado de serviço, em 1982. Andamos pelo corredor para ver. "O IMP estava encostado naquela parede ali", disse Kleinrock, batendo na tinta branca, "mas a sala foi reformada. O teto é novo, o piso é novo – temos um piso elevado para o ar-condicionado." Olhamos atrás de um armário de aço, para ver se a tomada de telefone original ainda estava ali – os primeiros poucos metros da primeira rota da Internet –, mas não estava. Não tem placa, nem mostruário histórico, e certamente não tem turistas, pelo menos ainda não. A esperança de Kleinrock é restaurar a sala, deixá-la como era em 1969, e imagino que venha a se tornar algo como Graceland, congelada no tempo, com o IMP, um antigo telefone de disco e fotos de homens de óculos de aro grosso e cabelo gomalinado. "Para levantar uma parede aqui e colocar uma porta, custa 40 mil dólares, e temos um orçamento de 50 mil para isso, mais o arquivista", disse Kleinrock. "Então, acho que terei de doar muito dinheiro. Está tudo bem. É por uma boa causa."

Enquanto conversávamos, acontecia um laboratório de computação da graduação na sala, com os alunos tocando ferros de soldar em placas de circuito verdes, com os celulares nas mesas, enquanto um assistente de professor gritava instruções. Ninguém sequer olhou para nós. Kleinrock foi um dos primeiros gênios da Internet, mas para a garotada de 19 anos daqui, cuja vida foi formada por sua presença – o Internet Explorer foi lançado antes que eles tivessem aprendido a ler –, ele sumia ao fundo. Quase literalmente. Este não era um local sagrado, era uma sala de aula – uma atração turística muito menor do que a casa de Ryan Seacrest, não muito longe dali. Então, o que eu estava fazendo naquele lugar?

Foi no Boelter Hall que a Internet pôde ser plenamente contida, em agudo contraste com sua disseminação atual. E Kleinrock ainda está lá, incorporando essa história em sua memória. Eu podia falar com ele por telefone, podíamos ter uma videoconferência. Mas lancei minha rede nas águas da experiência, tendo escolhido (por exemplo) ignorar a fotografia da sala 3.420, que aparece em uma pesquisa de imagens no Google, e vim ver pessoalmente. Naquela tarde, quando cheguei cedo de meu compromisso com Kleinrock, sentei-me em um murinho, do lado de fora do Boelter Hall, comendo batatas fritas de um saquinho e mexendo no celular. Minha mulher tinha acabado de mandar um vídeo por e-mail, com nosso bebê dando os primeiros passos, um vídeo que foi carregado nitidamente na telinha e me levou de volta mentalmente a Nova York. Eu tinha ido visitar o primeiro nó da Internet, mas um de seus nós mais recentes – o que eu carregava no bolso – distraía-me. Se a Internet era um novo mundo, fluido e distinto do antigo mundo físico, o Boelter Hall parecia-me um lugar onde os dois se encontravam, formando uma junção inusitadamente visível. Só que a essência que eu procurava estava diluída pela evolução da coisa que ela criou. Aí estava o novo dispositivo brilhante, conectado em toda parte; havia a máquina antiga na caixa de madeira, cheirando a mofo. Qual era realmente a diferença? O IMP daqui era real: não era uma réplica, nem um modelo – nem uma imagem digital. Por isso, eu estava aqui: para ouvir os detalhes do próprio Kleinrock e observar a cor das paredes, mas também para meter o nariz na reprodutividade imediata de todo o restante. O lugar em si não podia ser blogado ou repercutido em blog – e confesso que fiquei meio inebriado com a ironia disso. No artigo de 1936, "The Work of Art in the Age of Mechanical Reproduction", Walter Benjamin descreve a importância pálida da "aura" de um objeto, sua essência única; e aqui estava eu em busca da aura da coisa que ameaçava destruir a ideia de "aura" de uma vez por todas.[6]

Perguntei a Kleinrock sobre isso: por que *essência* não é uma palavra que costumamos usar no contexto da Internet? Em geral, é o contrário que nos emociona: a facilidade de reprodução imediata da rede, sua capacidade de tornar as coisas "virais", com a consequência de ameaçar não só a aura, mas também nosso desejo por ela – levando-nos a ver um show pela tela de um smartphone. "Pelo mesmo motivo que as pessoas não sabem quando foi criada ou onde começou, ou qual foi a primeira mensagem", disse ele. "É um sinal psicológico e sociológico interessante que as pessoas não tenham curiosidade por isso. É como o oxigênio. Ninguém pergunta de onde vem. Acho que os estudantes de hoje perdem muito, porque não desmontam coisas. Não se pode desmontar isto" – ele bate em seu novo laptop. – "Onde está a experiência física? Infelizmente, se foi. Eles não têm ideia de como esta coisa funciona. Quando eu era criança e construía rádios, sabia com o que estava lidando, sabia como as coisas funcionavam e por que funcionavam assim." O laboratório que estava acontecendo na sala 3.420 era uma exceção, a única ocasião em que os alunos de ciência da computação sujavam as mãos.

Perguntei a Kleinrock sobre algumas lembranças que vi em sua sala. De uma pequena caixa cinza de arquivo no alto de um armário ele tirou o diário original, que registrou o momento em que o IMP da UCLA foi conectado, pela primeira vez, com o IMP 2, instalado no Instituto de Pesquisa de Stanford, no final da tarde de 29 de outubro de 1969, quarta-feira. O caderno era caramelo, com "DIÁRIO DO IMP" escrito de qualquer jeito, com marcador, na capa. Podemos vê-lo no site de Kleinrock, é claro. "Este é o documento mais precioso sobre a Internet", disse ele. "Agora, há alguém reunindo esses arquivos, e eles me dão uma bronca sempre que toco nisto. Foram eles que me deram esta caixa." Ele abriu e começou a ler as entradas:

SRI ligou, tentou teste de debug, *mas não deu certo.*
Dan apertou uns botões.

"O importante está aqui – 29 de outubro. Eu não devia tocar nestas páginas, mas não resisto! Aqui está." Em caneta esferográfica azul, as palavras tomavam duas linhas e estava escrito ao lado da hora-código 22:30:

Conversa com SRI host *a* host.

Essa é a única prova documental da primeira transmissão de sucesso da ARPANET entre locais – o momento do primeiro sopro da Internet. Mantenho nervosamente as mãos no colo. "Se alguém vier roubar isto, aqui está!", disse Kleinrock. "Também tem uma cópia de minha tese."

E então ele fica nostálgico: "Naqueles primeiros dias, nenhum de nós tinha ideia do que viria. Eu tinha uma visão, e sabia que tinha razão em muita coisa. Mas o que me faltava era o lado social – que minha mãe, de 99 anos, estivesse na Internet quando viva. Essa parte me escapava. Pensei que haveria computadores conversando com computadores ou pessoas conversando com computadores. Mas não se trata disto. Trata-se de você e eu conversando."

Lembrei-lhe que tínhamos fechado o IMP para deixar o cheiro "esquentar", e novamente atravessamos o corredor para prestar nossas homenagens. Kleinrock abriu o armário. "Aqui", disse ele. "Sim. Hummm. Coloque o nariz aqui." Eu me curvei, como que para uma flor. "Sente o cheiro? Há componentes aqui, tem borracha. Quando eu era criança, e costumava canibalizar rádios antigos, de válvulas, sentia muito o cheiro da solda, da resina." Lembrei-me da aula de eletrônica que tive, quando cursava o quarto ano, depois da escola. Fizemos LEDs que piscavam com um padrão. Eu passava meus dias conectado a aparelhos eletrônicos, mas desde então não sentia o cheiro deles.

"Não se pode gravar isso", disse Kleinrock. "Ainda não. Um dia você poderá."

A adolescência da Internet foi prolongada. Do nascimento da ARPANET, na UCLA, em 1969, até meados da década de 1990, a rede das redes arrastou-se lentamente para fora das universidades e bases militares e entrou em empresas de computadores, firmas de advocacia e bancos, muito antes de chegar a nós. Mas naqueles longos anos iniciais não havia realmente muito dela para falar. Por um quarto de século, Kleinrock e seus colegas pareciam exploradores, cravando a bandeira da nascente Internet em uma série de colônias remotas, conectados de modo apenas tênue e em geral nem todos se conectavam com suas cercanias. A Internet era mínima.

Os primeiros mapas da ARPANET frequentemente publicados pela Bolt, Beranek and Newman mostravam como era pequena. Parecem mapas de constelações. Em cada versão, um contorno dos Estados Unidos é coberto com círculos pretos, indicando cada IMP, ligados por linhas interrompidas. A ARPANET começou a vida como o *Little Dipper*, estreando numa parte da Califórnia, controlado em Utah. No verão de 1970, expandiu-se para o Leste pelo interior e anexou o MIT, Harvard e os escritórios da Bolt em Cambridge. Washington só apareceu no outono seguinte. Em setembro de 1973, a ARPANET era internacional, com o estabelecimento de um link por satélite com o University College de Londres. No final da década, a geografia da rede era plenamente estabelecida em quatro regiões: Vale do Silício, Los Angeles, Boston e Washington. A cidade de Nova York mal aparecia, com apenas a Universidade de Nova York ganhando uma colônia. Só alguns nós, esparsos, pontilhavam o meio dos Estados Unidos. Fiel a suas origens filosóficas, como um sistema de comunicações da era do Juízo Final, a ARPANET era visivelmente descentralizada e pouco urbana. Não tinha lugares especiais nem monumentos. Do ponto de vista físico, havia IMPs, como o do corredor da sala de Kleinrock, ligados por conexões telefônicas fornecidas sob condições especiais, pela AT&T. Eles existiam em uma ou outra sala de aula de departamentos de computação de universidades, dentro de anexos de bases militares e pelas linhas de cobre e links de micro-ondas da rede telefônica existente. A ARPANET nem era um nuvem. Era uma série de postos avançados e isolados, unidos por estradas estreitas, como um *Pony Express* dos últimos tempos.

 Sem dúvida, acontecia uma pesquisa séria, mas o uso da ARPANET como ferramenta de comunicação retinha um ar de novidade. Em setembro de 1973, uma conferência na Universidade Sussex, em Brighton, Inglaterra, reuniu cientistas da computação de todo o mundo, que desenvolviam suas próprias redes de computadores patrocinadas pelos governos. Como a ARPANET era a maior, foi estabelecido um link de demonstração especial com os Estados Unidos. Não foi fácil de organizar. Precisaram ativar uma linha telefônica entre um dos nós da ARPANET na Virgínia e uma antena de satélite próxima. Dali, o sinal foi rebatido em um satélite em órbita a outra estação terrestre, em Goonhilly Downs, na Cornualha, depois avançou por um link telefônico a Londres, e por fim a Brighton. Era menos uma maravilha tecnológica do que o que os engenheiros gostam de chamar de *kludge*, um link temporário e tênue pelo oceano.

Mas a história se lembra disso por motivos mais prosaicos. Em uma narrativa que se tornou lendária, quando Kleinrock chegou a Los Angeles, vindo da conferência, percebeu que tinha esquecido o barbeador elétrico no banheiro do alojamento da Sussex. Logando na ARPANET de seu terminal da UCLA, entrou com o comando ONDE ROBERTS, que lhe diria se seu amigo Larry Roberts – um conhecido *workaholic* e insone – também estaria logado. Claro que estava, bem acordado, às 3 da manhã. Usando um programa de bate-papo rudimentar – "tique-tique-taque", como Kleinrock o descreve –, os dois amigos combinaram mandar o barbeador a Los Angeles. Esse tipo de comunicação era "meio como ser clandestino em um porta-aviões", como descrevem os historiadores Katie Hafner e Matthew Lyon.

Na década de 1970, a ARPANET era propriedade do governo americano, ligando pesquisadores da Defesa ou militares, ou departamentos universitários da ARPANET. Mas socialmente a ARPANET era uma cidade pequena. A edição de 1980 do diretório da ARPANET é um livro bem encadernado, em amarelo-canário, com a espessura de uma revista de moda de outono. Lista os 5 mil nomes de todos da ARPANET, com seus endereços postais, o código alfabético dos nós e os endereços de e-mail –

sem os ".com" ou ".edu", que só seriam inventados alguns anos depois. Kleinrock está ali, é claro, com o mesmo endereço de trabalho e telefone de hoje (embora o código postal, o código de área e o e-mail tenham mudado). Dividindo a página com ele, estão cientistas da computação do MIT, do University College de Londres e da Universidade da Pensilvânia; um comandante do Comando de Desenvolvimento e Pesquisa de Comunicações de Fort Monmouth, Nova Jersey; e o chefe da Divisão de Programação de Estudos Estratégicos, na base de Offutt da Força Aérea em Nebraska – famoso como o local de fabricação do *Enola Gay*, o principal centro de comando nuclear da era da Guerra Fria e local em que o presidente Bush buscou refúgio temporário no 11 de setembro.

A ARPANET era assim: um ponto de encontro casual para acadêmicos e soldados high-tech, unidos sob o guarda-chuva da rede de computadores. Há, na face interna da sobrecapa do diretório, um mapa lógico da ARPANET em que os nós são marcados com uma impressão mínima e ligados por linhas sólidas e retas, um fluxograma complexo e enrolado. Cada computador da ARPANET cabe tranquilamente na página. Mas essa intimidade não iria durar.

No início da década de 1980, as grandes empresas de computadores – como a IBM, a XEROX, ou a Digital Equipment Corporation – e grandes órgãos do governo – como a Nasa e o Departamento de Energia – administravam suas próprias redes independentes de computadores, cada uma delas com seu próprio acrônimo. Físicos de alta energia tinham a HEPnet. Os astrofísicos tinham a SPAN. Os pesquisadores de fusão magnética tinham a MFENET. Surgiram também algumas redes europeias, inclusive a EUnet e a EARN (a European Academic Research Network, Rede de Pesquisa Acadêmica Europeia). E havia um número cada vez maior de redes acadêmicas regionais, batizadas como os 12 filhos do sr. e sra. Net: BARRNet, MIDnet, Westnet, NorthWestNet, SESQUINet. O problema era que essas redes não estavam conectadas. Embora se estendessem pela nação, e às vezes atravessavam o oceano, operavam de fato como vias privadas cobertas no sistema de telefonia público. Coincidiam geograficamente, às vezes servindo aos mesmos *campi* universitários. E até podiam coincidir fisicamente, partilhando os mesmos cabos telefônicos de longa distância. Mas em termos de rede eram "logicamente" distintas. Eram desconectadas – separadas, como o Sol e a Lua.

E assim continuou, até o dia de Ano-Novo de 1983, quando, em anos de transição no planejamento, todos os computadores *host* da ARPANET adotaram as regras eletrônicas que ainda são o bloco fundamental da Internet. Em termos técnicos, elas trocaram seu protocolo de comunicação, ou linguagem, do NCP, ou "Network Control Protocol" (protocolo de controle da rede), para TCP/IP, ou "Transmission Control Protocol/Internet Protocol" (protocolo de controle de transmissão/protocolo de Internet). Esse foi o momento na história da Internet em que o filho tornou-se pai de um homem. A mudança, liderada pelos engenheiros da Bolt, Beranek and Newman, manteve dezenas de administradores de sistema presos a suas mesas, na véspera de Ano-Novo, lutando para cumprir o prazo – levando um deles a comemorar a provação com buttons SOBREVIVI À TRANSIÇÃO TCP/IP. Qualquer nó que não estivesse em conformidade era cortado até que se sujeitasse. Mas depois que a poeira baixou, vários meses após, o resultado foi o equivalente computacional de uma única língua internacional. O TCP/IP passou de dialeto dominante a uma língua franca oficial.

Como observa a historiadora Janet Abbate, a transição marcou não só uma mudança administrativa, mas uma alteração conceitual fundamental: "Não se tratava mais de pensar em como um conjunto de *computadores* podia ser conectado; os construtores da rede agora tinham de considerar como diferentes *redes* podiam interagir."[7] A ARPANET não era mais um jardim murado com um diretório governamental oficial de participantes, mas tornara-se apenas uma rede entre muitas, ligadas em uma *Internetwork*.

A padronização do TCP/IP, no Ano-Novo de 1983, fixou permanentemente a estrutura distribuída da Internet, garantindo até hoje a ausência de controle central. Cada rede age de forma independente, ou "autônoma", porque o TCP/IP lhe dá significado vocabular para *inter*agir. Como observa Tim Wu, professor da Faculdade de Direito de Colúmbia e escritor, essa é a ideologia fundadora da Internet, e tem semelhanças claras com outros sistemas descentralizados – mais notadamente o sistema federal dos Estados Unidos. Como a Internet inicialmente corria pelos fios da rede telefônica, seus fundadores foram obrigados a "inventar um protocolo que levasse em conta a existência de muitas redes, sobre as quais eles tinham poder limitado", escreve Wu. Era "um sistema de diferenças toleradas – um sistema que reconhecia e aceitava a autonomia dos membros da rede".[8]

Mas embora essa autonomia tenha se realizado, graças à infraestrutura que a Internet recebeu, logo se tornou uma força crucial na formação da infraestrutura feita pela Internet. Winston Churchill disse, sobre a arquitetura, que "damos forma a nossos edifícios, depois nossos edifícios dão forma a nós",[9] e o mesmo pode ser dito da Internet. Com o TCP/IP em operação e novas redes autônomas pipocando com uma frequência cada vez maior, a Internet cresceu fisicamente, mas ao acaso. Tomou forma de maneira improvisada, como uma cidade com estrutura frouxa, dando lugar a um crescimento espontâneo e orgânico. A geografia e a forma da Internet não foram elaboradas em um escritório de engenharia central da AT&T – como o sistema telefônico –, mas surgiram de ações independentes das primeiras centenas e, depois, de milhares de redes.

Com o TCP/IP em funcionamento, chegou a Internet – mais ou menos a que conhecemos hoje – e teve início um período extraordinário de crescimento. Em 1982, havia apenas 15 redes ou "sistemas autônomos" na Internet, o que quer dizer que se comunicavam com TCP/IP; em 1986, eram mais de 400. (Em 2011, havia mais de 35 mil.) O número de computadores nessas redes aumentou ainda mais rapidamente. No outono de 1985, havia 2 mil computadores com acesso à Internet; no fim de 1987, eram 30 mil e, no fim de 1989, 159 mil. (Em 2011, são 2 bilhões de usuários da Internet, com as mãos em outros dispositivos.) A Internet, que por quase 20 anos foi uma cidade universitária chamada ARPANET, começou a ficar mais parecida com uma metrópole. Se antes se podia imaginar cada roteador como um claustro no topo de uma montanha silenciosa, graças ao incrível crescimento no número de máquinas esses roteadores agora se empilhavam uns sobre os outros, formando aldeias. Algumas aldeias até começavam a revelar a vaga promessa de uma silhueta urbana. Para mim é o momento mais empolgante dessa história inicial: a Internet tornava-se um lugar.

Mais para o fim da década de 1980, algumas empresas começaram a construir suas próprias supervias de dados de longa distância, ou *backbones*, e ruas de cidades, ou redes "metropolitanas". Mas tire de sua cabeça qualquer imagem de tratores atravessando o interior da Pensilvânia espalhando cabos – embora isso logo viesse a acontecer. Essas primeiras redes locais e de longa distância ainda funcionavam pelas linhas telefônicas, com equipamento especializado instalado nas duas pontas. No início da década de 1990, o pinga-pinga se tornou uma onda, à medida que empresas como a MCI, PSI, UUNet, MFS e Sprint atraíram investimentos financeiros cada vez maiores – e os usaram para cavar as próprias trincheiras e enchê-las com a nova tecnologia de fibra óptica, comercializada na década de 1980. A rede das redes acumulava uma infraestrutura toda dela. Começou a colonizar lugares-chave pelo mundo – na realidade, nos lugares onde ainda existe predominantemente: os subúrbios da Virgínia e o Vale do Silício, na Califórnia; o distrito das Docklands, de Londres; Amsterdã, Frankfurt e o distrito de Otemachi, no centro de Tóquio. A Internet se propagou a ponto de se tornar visível a olho nu, tornando-se uma paisagem real própria. O que, pelos primeiros 20 anos de existência da Internet, era fácil desprezar, como espaços intervenientes – armários de telecomunicações e algumas salas de aula –, agora tinha caráter. Em meados da década de 1990, a onda de construção tornou-se uma torrente, e a "banda larga" virou uma das bolhas mais mal-afamadas da história da economia americana. Mas foram esses gastos, embora exagerados e economicamente destrutivos, que construíram a Internet que usamos hoje.

Em 1994, eu concluía o ensino médio, logando por longas horas no Macintosh da família, prendendo interminavelmente o telefone ao explorar os quadros de mensagens e salas de bate-papo da America Online. Depois, em algum momento naquele inverno, meu pai trouxe para casa um pequeno disco de 3,5 polegadas carregado com um programa chamado "Mosaic" – o primeiro navegador da web. Em uma manhã ensolarada de fim de semana, sentado à mesa da sala de jantar, com meu dever de física posto de lado, e um fio de telefone comprido correndo pela sala, ouvimos os tons estridentes do modem, sinalizando uma conexão com um computador distante. Minha mãe olhou com censura por cima do jornal. Na tela, em vez do menu da America Online, com sua curta lista de opções, havia um cursor piscando dentro de uma "barra de endereços" vazia – o ponto de partida de todas as nossas jornadas digitais.

Mas aonde ir? A essa altura, as opções eram limitadas. Poucas organizações tinham websites – só universidades, algumas empresas de computação, o National Weather Service. E como saber onde encontrá-las? Não havia Google, Yahoo!, MSN, nem mesmo Ask Jeeves. Ao contrário do espaço emparedado da AOL, ao contrário de qualquer outro computador que eu tenha usado na vida, parecia tão ilimitado quanto o mundo. A sensação era distinta: eu tinha a impressão de que viajava. E não era o único a ter esta emoção. Essa foi uma temporada inebriante para a Internet. A Netscape lançou seu navegador em outubro, enquanto a Microsoft ergueu-se, anunciando seu "Internet Explorer". A Internet estava a ponto de se tornar dominante de uma vez por todas. O teto estava prestes a explodir.

Mas que teto? O *boom* retesaria a infraestrutura da Internet da época ao ponto de ruptura. Então, quem se salvaria? Como se expandiria? Para onde? Ouvi as histórias de negócios da explosão ponto-com, sobre Jim Clark e Marc Andreessen fundando a Netscape e Bill Gates batalhando para manter o Internet Explorer como parte integrante do sistema operacional Windows, da Microsoft. Mas e as redes em si e seus lugares de conexão? Em um negócio que sempre foi obcecado pela próxima novidade, quem ainda ficaria aqui para contar a história?

Voltei à Califórnia – só para saber da Virgínia.

Em um dia caracteristicamente úmido e cinzento de San Francisco, conheci um engenheiro de rede chamado Steve Feldman, em uma cafeteria a poucas quadras de seu escritório, no coração do aglomerado de empresas da Internet, localizado ao sul da Market Street. Ele parecia um professor de matemática do secundário, de calça cáqui, sapatos de caminhada marrons e barba grande. O crachá do trabalho estava pendurado no pescoço por um cordão bordado com NANOG, o North American Network Operators' Group – o Grupo de Operadores de Rede da América do Norte, a associação de engenheiros que administravam as maiores redes da Internet, cujo comitê gestor é presidido por Feldman. Hoje, seu trabalho é administrar a rede de dados da CBS Interactive, certificando-se de que o mais recente episódio de *Survivor* ou o jogo de basquete da NCAA passe corretamente em sua tela, entre outras coisas. (Mesmo que ele próprio não seja um fã.) Mas, na década de 1990, Feldman administrava o mais importante lugar da Internet, um cruzamento global de localização improvável, na garagem de um prédio comercial num subúrbio de Washington. Foi uma época emocionante na evolução da Internet – por um tempo. No final, as coisas saíram de controle.

Sentamos entre dois jovens que beliscavam os laptops, com a cabeça nas nuvens. Nossa conversa deve ter parecido estranha a eles; era tudo história antiga. Em 1993, Feldman – pós-graduado no Departamento de Ciências da Computação de Berkeley – foi trabalhar para uma jovem empresa de rede chamada MFS Datanet, que começara a instalar fibra óptica nos túneis de carvão de Chicago e, mais recentemente, construíra redes privadas ligando escritórios corporativos, principalmente de carona nas linhas telefônicas. A MFS não era ela mesma provedora de acesso, só ajudava as empresas com suas redes internas, mas adquiriu competência nesse trabalho pela cidade – o que era exatamente do que precisavam algumas empresas que davam acesso à Internet. Eles tinham um problema. Na época, o *backbone* de fato da Internet era administrado pela National Science Foundation e conhecido como NSFNET, mas, tecnicamente, as empresas comerciais estavam proibidas de usá-lo, pela "política de uso aceitável", que em tese limitava o tráfego a fins acadêmicos ou educativos. Para crescer, os provedores comerciais tinham de encontrar uma maneira de movimentar o tráfego por suas próprias vias privadas, a fim de evitar a travessia dessa supervia do governo. Isto significava conectar-se uma à outra – fisicamente. Mas onde? Os negócios explodiam para todos, mas o empreendimento inteiro era ameaçado pela ausência de um imóvel. Onde poderiam se conectar? Mais literalmente: onde havia um lugar barato, com muita eletricidade, em que os engenheiros pudessem esticar um cabo do roteador de uma rede ao roteador de outra?

Os subúrbios da Virgínia, a oeste de Washington, já eram área de preferência de muitos dos primeiros provedores comerciais da Internet, devido principalmente à concentração de fornecedores militares e empresas de alta tecnologia na região. "Era o centro de tecnologia", disse-me Feldman. Por um tempo, alguns dos primeiros provedores da Internet interconectaram suas redes dentro de um prédio da Sprint, no noroeste de Washington, mas era uma solução imperfeita. A Sprint não gostava que seus concorrentes se instalassem dentro de seu prédio (especialmente quando a Sprint não tinha estrutura organizacional para cobrar a eles por isso). E para os próprios provedores da Internet – empresas como a UUNET, PSI ou Netcom – saía caro ficar ali devido ao custo do aluguel local de linhas de dados para seu próprio escritório ou rede POP (ou *point of presence*, ponto de presença).

A MFS propôs uma solução: transformaria seus escritórios num *hub*. A empresa já era dona de muitas linhas de dados locais, que usaria para ligar cada um dos provedores de Internet, como dançarinos em volta de um mastro. A MFS lhes daria um *switch*, chamado Catalyst 1200, que rotearia o tráfego entre as redes. Não era apenas uma via local, era um trevo. Ao se conectar neste *hub*, cada rede teria acesso imediato e direto a todas as outras redes participantes, sem cobrança de pedágio. Mas para que o plano fosse viável, alguns provedores de Internet tinham de se comprometer simultaneamente – ou seria um trevo no meio do nada. Um grupo deles tomou a decisão durante um almoço, num dia de 1992, na Tortilla Factory, em Herndon, Virgínia. À mesa estavam Bob Collet, que administrava a rede da Sprint, Marty Schoffstall, cofundador da PSI; e Rick Adams, fundador da UUNET (que mais tarde ganharia centenas de milhões de dólares abrindo o capital). Cada uma dessas redes operava de forma independente, mas sabia muito bem que era inútil sem as outras. A Internet ainda era para aficcionados – um subgrupo excêntrico da população, composto principalmente de pessoas que usavam a rede na faculdade e queriam continuar seu uso. (Nos Estados Unidos, a percentagem de lares com acesso à Internet só foi medida a partir de 1997.) Mas a tendência de crescimento era clara: pelo bem da Internet – se *houvesse* uma Internet não acadêmica em funcionamento –, as redes precisavam agir como uma só. A MFS chamou seu novo *hub* de "Metropolitan Area Exchange". Para indicar sua ambição de construir vários deles pelo país, apelidou o *hub* de MAE-East.

Decolou imediatamente. "A MAE-East era tão popular que a tecnologia crescia mais rápido do que podíamos atualizá-la", disse Feldman. Quando nascia um novo serviço de provedor de Internet, seus clientes ligavam por uma linha telefônica comum usando um modem. Mas depois o provedor tinha de conectar o resto da Internet (como fazia Jon Auer, em Milwaukee). E por um tempo a MAE-East era isso. "Se você se conectasse à MAE-East, tinha toda a Internet em sua porta", disse Feldman. "Era o meio de fato de entrar no negócio da Internet." Em alguns anos, a MAE-East era o cruzamento para metade de todo o tráfego de Internet no mundo. Uma mensagem de Londres a Paris provavelmente passava pela MAE-East. Um físico de Tóquio pesquisando um website em Estocolmo passava pela MAE-East – no quinto andar do número 8.100 do Boone Boulevard, em Tysons Corner, Virgínia.

Era um local impressionante. O cruzamento da Leesburg Pike com a Chain Bridge Road pode ter sido a encruzilhada do mundo digital, mas também ficava ostensivamente perto das encruzilhadas da espionagem americana – pesando sobre a MAE-East com uma névoa constante de mistério, suspeita e até conspiração.

Tysons Corner é um dos pontos mais altos do condado de Fairfax, 1.500 metros acima do nível do mar. Durante a Guerra Civil, o exército da União tirou proveito de sua vista para Washington e para as montanhas Blue Ridge, e ergueu ali uma torre de sinais, pilhando a madeira de fazendas próximas para construí-las. Um século depois, no início da Guerra Fria, o Exército americano construiu uma torre de rádio no mesmo local, e pela mesma razão: retransmitir comunicações entre os quartéis da capital e dos postos militares distantes. Ainda há uma torre militar lá, um esqueleto de aço vermelho e branco, assomando sobre um cruzamento movimentado de subúrbio, cingido por uma cerca protetora, com uma placa bem visível proibindo fotografias. Para aumentar o mistério do lugar, um radioamador de ondas curtas usou a torre como fonte das "estações de números" – transmissões de rádio de uma cadência interminável de dígitos falados. Se os conspiracionistas profissionais merecem algum crédito, espiões de lugares distantes sintonizam em horas específicas para receber comunicados em código dos quartéis-generais. Segundo Mark Stout, historiador do International Spy Museum, os livros de código de uso único empregados pelo sistema são indecifráveis. "Não se tem verdadeiramente capacidade criptoanalítica para entrar em um sistema de cifragem de chave única", diz ele. "Nenhuma."

Se a contraespionagem for o seu metiê, o restante da Tysons Corner pode representar desafios similares. A MAE-East não está mais sediada ali – ou melhor, qualquer equipamento de rede que ainda esteja lá não pertence mais a um centro importante da Internet –, mas o bairro continua o mesmo. Circulando pelos estacionamentos, os prédios em si parecem lacrados, com fachadas de vidro perfeitas, como se concebidos por seus arquitetos para ser tão anônimos quanto impenetráveis. A maioria dos prédios não tem placa, de acordo com os desejos de seus inquilinos discretos. Quando têm, revelam sua identidade de fornecedores militares: Lockheed Martin, Northrop Grumman, BAE. Muitos foram construídos com salas especiais, conhecidas como Instalações de Informações Compartimentalizadas Sensíveis, ou *skiffs*, projetadas para atender aos critérios do governo para lidar com informações confidenciais.

Os engenheiros de rede mais paranoicos – os "caras do chapéu de alumínio", como são conhecidos, em referência à convicção de que a única maneira de impedir que o governo leia sua mente é usar um capacete feito de papel-alumínio – tomaram a localização da MAE-East como prova de seu controle malévolo pelo governo. Por que mais ficaria na mesma rua da CIA? E se a CIA não estava na escuta, então devia ser a supersecreta National Security Agency gravando sistematicamente tudo que se passava por ali – um argumento repetido no bestseller de James Bamford, de 2008, sobre a NSA, *The Shadow Factory*.[10] Mesmo hoje, faça uma pesquisa qualquer no Google sobre a MAE-East e as informações parecerão estranhamente resumidas – escritas no tempo presente, embora sua importância tenha passado há muito; marcada em vermelho, em fotos de satélite, com destaque para sua relação com uma instalação da CIA próxima; de algum modo, congelada no tempo. A MAE-East ainda é uma mulher internacional – ou *uma coisa* internacional – de mistério.

Ah, mas tudo é um tanto exagerado. A importância da MAE-East pode ter começado espontaneamente, mas continuou de forma burocrática. Em 1991, o Congresso americano aprovou a Lei de Comunicações e Computação de Alto Desempenho, mais conhecida como "Lei Gore", batizada com o nome de seu patrocinador original, o então senador Al Gore. É a ela que Gore deve sua suposta alegação de ter "inventado a Internet" – que não é tão forçada quanto parece.[11] *Inventar* é, sem dúvida, o termo errado, mas o empurrão do governo foi fundamental para tirar a Internet de seu gueto acadêmico. Entre as provisões da lei havia uma política mais conhecida por seu nome popular: a "superestrada da informação". Mas em vez de meter pás no chão, para construí-la, os políticos do governo catalisaram empresas privadas para fazer isso por eles, financiando a construção de "rampas de acesso". Um ponto de acesso à rede, ou NAP (Network Access Point), como chamavam, seria uma "rede de alta velocidade, ou *switch*, a que várias redes podem ser conectadas por roteadores, com o fim de troca de tráfego e interoperação". Seria financiado por verbas federais, mas operado por uma empresa privada. Um ponto de acesso, em outras palavras, seria uma rede que conecta redes: uma imitação da MAE-East.

Feldman respondeu à solicitação do governo com a ideia de um novo conceito de *exchange* – mas a National Science Foundation, que geria o processo, disse que preferia dar o dinheiro da MFS para manter a MAE-East operando. Os contratos, por fim, foram distribuídos para quatro pontos de acesso, administrados por quatro importantes operadoras de telecomunicações: a Sprint NAP, em Pennsauken, Nova Jersey, do outro lado do rio Delaware, na Filadélfia; a Ameritech NAP, em Chicago; a Pacific Bell NAP, em San Francisco; e a MAE-East. Mas Feldman gosta de dizer que só havia três e meia, "porque nós já existíamos". (E a MFS logo abriria a MAE-West, no número 55 da South Market Street, em San Jose, Califórnia, para competir com a Pacific Bell NAP.). Essa geografia era deliberada. A National Science Foundation sabia que, para ter sucesso, os *hubs* de rede precisavam servir a mercados regionais distintos, espalhando-se, equidistantes, pelo país. A distância tinha importância. De acordo com isso, a requisição original identificou "Califórnia", Chicago e Nova York como "locais prioritários". A decisão de situar a Sprint NAP em um *bunker*, em um prédio, em Pennsauken, a cerca de 150 quilômetros de Nova York, deveu-se à existência de links da instalação com cabos transatlânticos que davam na costa de Nova Jersey; era o portal para a Europa.

A abertura dos pontos de acesso à rede também marcou uma importante mudança filosófica que teria ramificações por sua estrutura física. Em um distanciamento claro de suas origens, a Internet não era mais estruturada como uma malha, mas inteiramente dependente de alguns centros. Como observou o teórico urbanista Anthony Townsend, "a reengenharia da topologia da Internet, que foi implementada em 1995, foi o ápice de uma antiga tendência a se afastar da rede distribuída idealizada (...) imaginada na década de 1960".[12] À medida que aumentava o número de redes, sua autonomia era melhor atendida por pontos de encontro centralizados.

Para Feldman, porém, o ponto de encontro mais parecia um ponto de estrangulamento. Em 1996, a MAE-East estava abarrotada de máquinas, arrotando e piscando, e crescia descontrolada, mas lucrativamente. O conceito original era de que cada rede abrigaria seu próprio roteador e link com a MAE-East por suas linhas de dados. Uma máquina com o nome evocativo de FiberMux Magnum agiria como a lata na ponta de um telefone de barbante, alterando os sinais que entravam pela linha para uma forma que o roteador da MAE-East pudesse entender. Mas, como se pode imaginar, os FiberMux Magnums, em si, tomavam espaço, e a suíte do quinto andar do número 8.100 da Boone, que abrigava a MAE-East – ou, pode-se dizer, o que *era* a MAE-East – rapidamente ficou lotada. A situação se deteriorou ainda mais quando as redes descobriram que podiam aumentar seu desempenho se dispensassem os FiberMuxes e instalassem seus roteadores na MAE-East, também fazendo dali, na verdade, seu novo escritório técnico. E ficou ainda mais apertado, quando eles descobriram que o desempenho aumentava ainda mais ao colocarem ali também os servidores, e assim a MAE-East não só era o ponto de trânsito dos dados, mas frequentemente era a sua origem. Os clientes carregavam as páginas web mais rapidamente, e isso reduzia o custo de movimento dos bits. Mas com essas mudanças a MAE-East transformou-se de um cruzamento em uma rodoviária.

Recaiu sobre Feldman a tarefa de encontrar uma forma de expansão. O senhorio do número 8.100 ficou impaciente com seu inquilino esbanjador de eletricidade, e assim logo o aparato de muitos tentáculos mudou-se para um cercado de placas de gesso montado no estacionamento subterrâneo do prédio do outro lado da rua, na Gallows Road, 1.919. Condicionadores de ar cercavam suas paredes brancas, escoradas contra as vagas no subsolo. Uma placa genérica de loja de ferragens ACESSO RESTRITO marcava a porta. A capital inconteste da Internet decididamente era humilde, no tipo de espaço onde se espera encontrar enceradeiras e estoques de papel higiênico, e não a medula espinhal de uma rede de informação global. A localização da MAE-East em uma garagem pode ter parecido algo saído de um filme de espionagem – aquele onde uma porta discreta em um corredor sujo se abre e revela um covil imenso, cintilante, de alta tecnologia. Mas o covil de alta tecnologia era uma choça.

Isso distraía Feldman. Quando não estava selecionando e instalando equipamento novo, administrando as conexões entre redes e tentando entender do que todo mundo precisava, ele pedia desculpas. O tráfego dobrava a cada ano, num ritmo bem mais acelerado do que a tecnologia de roteadores podia lidar, para não falar do imóvel. A Internet estava travada. A cada reunião do North American Network Operators' Group, Feldman seria solicitado a se levantar diante dos colegas e explicar por que os cruzamentos da Internet, os cruzamentos dele, estavam perpetuamente engarrafados. Não era uma turma fácil. "As pessoas da comunidade do NANOG diziam o que pensavam", disse Feldman. "E não tinham papas na língua." Em uma reunião, exasperado pelas queixas, Feldman colou um alvo de papel no peito, antes de assumir o palco. Não havia como fugir: o modelo estava falido. A Internet precisava de um novo tipo de lugar.

Em 1997, 20% dos adultos americanos usavam a Internet – partindo de quase zero alguns anos antes. A Internet provara sua utilidade. Mas não estava concluída, nem realizada. Algumas peças necessárias eram óbvias: eram necessárias novas linhas de longa distância e alta capacidade entre as cidades, ferramentas de software que permitissem "comércio eletrônico" e vídeos online, e novos dispositivos que permitissem uma conexão com a Internet, mais rápida e com mais flexibilidade. Mas por baixo de tudo isso havia uma necessidade mecânica que não fora atendida, uma sala não construída no porão da Internet: onde todas as redes poderiam se conectar? Eles deram com a resposta mais à frente, no coração do Vale do Silício – em um porão, na verdade.

3

É só conectar

Durante alguns anos no início do milênio – a época tranquila, depois da explosão da bolha da Internet, mas antes que ela inflasse novamente – morei em Menlo Park, Califórnia, um subúrbio sumamente organizado no coração do Vale do Silício. Menlo Park é um lugar rico em muitas coisas, e a história da Internet está entre elas. Quando Leonard Kleinrock registrou sua primeira comunicação "*host* a *host*" – o que ele prefere chamar de "o primeiro sopro de vida da Internet" –, o computador do outro lado da linha era do Instituto de Pesquisa de Stanford, a pouco mais de um quilômetro do meu apartamento. Algumas quadras depois, ficava a garagem onde Larry Page e Sergey Brin abrigaram o Google pela primeira vez, antes de se mudarem para escritórios de verdade, em cima de uma loja de tapetes persas, na vizinha Palo Alto. Na manhã da oferta pública do Google, em agosto de 2004, a multidão, na cafeteria de nossa esquina, estava eletrizada – presumivelmente, não porque eles mesmos estivessem enriquecendo com o evento (embora talvez estivessem), mas porque isso de repente fazia com que tudo parecesse possível de novo. Foi o mesmo verão em que Mark Zuckerberg transferiu sua nova empresa, então conhecida como The Facebook, de seu quarto de alojamento em Harvard para uma casa sublocada em Palo Alto. Não foi uma grande notícia na época – a única pessoa que eu conhecia no Facebook era minha cunhada, ainda na faculdade –, mas estava claro que fazia todo sentido. Como disse E. B. White sobre Nova York, esse era o lugar a se procurar quando se está disposto a ter sorte.[1] Como Wall Street, a Broadway ou o Sunset Boulevard contêm um sonho, e o mesmo acontece com o Vale do Silício. Mas frequentemente esse sonho é o de construir um novo pedaço da Internet, de preferência que valha 1 bilhão de dólares. (O Facebook, aliás, mudou-se recentemente para um campus de 23 hectares, voltando a Menlo Park.)

Um geógrafo da economia descreveria tudo isso como um "segmento de negócios". A combinação única de talento, conhecimento especial e dinheiro do Vale do Silício criou uma atmosfera de inovação impressionante – bem como o que o capitalista de risco local John Doerr descreveu uma vez como o "maior acúmulo de riqueza na história humana".[2] Esse lugar, de fato, talvez mais do que qualquer outro no mundo, destila uma crença coletiva no potencial ilimitado da tecnologia e no potencial de transformar a tecnologia em dinheiro ilimitado. A aspiração no ar é palpável.

No entanto, parece haver uma ironia fundamental em tudo isso. Entre as maiores contribuições do computador para a humanidade, estava, sem dúvida, sua capacidade de conectar pessoas de diferentes lugares. Talvez mais do que qualquer outra tecnologia da história, a Internet tornou a distância menos relevante – tornou o mundo menor, como dizem. Na descrição de Sherry Turkle, socióloga do MIT, "Um 'lugar' usado para comprimir um espaço físico e as pessoas dentro de si".[3] Mas a ubiquidade da Internet faz com que isso não seja mais verdade. "O que é um lugar, se os que estão fisicamente presentes têm sua atenção no ausente?", pondera Turkle. "A Internet é mais do que vinho antigo em novas garrafas; agora podemos sempre estar em toda parte." Sentimos as consequências disso diariamente – a desconexão que vem como uma consequência de conexões, como que num jogo de soma zero. E, ainda assim, não é a única verdade sobre a rede – em especial não no Vale do Silício. Há um emaranhado mais permanente de conexões sociais e técnicas fortalecendo nossa capacidade de estar em toda parte. Só podemos falar de *estarmos* conectados como um estado mental, porque tomamos como um axioma as conexões físicas que o permitem.

Mas a evolução dessas conexões é muito específica e ocorre em vários lugares específicos – em especial Palo Alto. Qualquer que seja a alquimia ali, ela não acontece, ou talvez não possa acontecer, por um fio. Nessa intensidade, a conexão é um claro processo físico. Quando eu morava lá, os fiéis que enchiam as lanchonetes sempre me lembravam padres em Roma, dedilhando smartphones em vez de contas de rosário, mas, da mesma forma, aproximando-se, por motivos práticos e espirituais, do centro do poder. Todos estão ali para se conectar: os capitalistas de risco com suas apostas, os engenheiros de Stanford, os advogados e MBAs, e os viciados em empreendimentos iniciantes, que sentem o cheiro do futuro, como sabujos. O mesmo pode ser dito quando começamos a falar dos fios reais.

Palo Alto fica a apenas 56 quilômetros de San Francisco, mas, no dia em que fui de carro para lá, estava 13 graus mais quente, um calor seco e denso da fragrância de eucalipto. Eu me reuniria com dois daqueles partidários do vale para almoçar numa lanchonete da University Avenue, a rua principal de Palo Alto. Depois disso, visitaríamos a Palo Alto Internet Exchange – um dos mais importantes locais de conexão da Internet no passado e no presente.

Jay Adelson e Eric Troyer estavam sentados a uma mesa na calçada, joviais, olhando a multidão que passava com suas cervejas numa tarde de quinta-feira. Eram velhos amigos, já dividiram uma casa, foram colegas de faculdade e eram as duas pessoas mais versadas de qualquer lugar sobre como – e mais importante, *onde* – as redes de Internet se conectavam. Troyer chama a si mesmo de "engenheiro de recuperação de redes", um apelido que ao mesmo tempo sustenta e se desvia de suas credenciais *geek*. Com o cabelo bem curto e pontilhado de grisalho, e óculos de sol envolventes, ele transmitia uma vibração relaxada de surfista, como uma versão *net-geek* de Anderson Cooper. "ET", como é conhecido na comunidade da rede, trabalha para a Equinix, uma empresa que opera instalações de "colocation", ou compartilhamento de localização, no mundo todo.

Adelson o contratou para cá; na realidade, Adelson fundou a Equinix, que cresceu de um conceito vago em 1998 para uma empresa de capital aberto de 1 bilhão de dólares antes de sair, em 2005. Ele é o arquétipo do Vale do Silício: um empreendedor com dom não só para ver o futuro, mas convencer os outros a acompanhá-lo. Ainda tinha a fama de menino prodígio, mas estava a poucas semanas de seu quadragésimo aniversário, e já se tinham passado alguns meses desde seu mais recente emprego como CEO da Digg, um serviço da web que permite aos leitores expressar sua aprovação ou reprovação a um artigo online, a um post de blog, ou à fotografia de um gato falante. A partida de Adelson da Digg foi muito divulgada por ter sido contenciosa, mas ele parecia relaxado, de jeans e uma camisa preta, a franja, que é sua marca registrada, caindo na testa angulosa, como um adolescente. Ele vinha usando seu período sabático pós-Digg para estudar violão, mudou-se para uma nova casa de 3 milhões de dólares, ficava com os três filhos e pesava suas opções para o futuro – ponderando sobre um terceiro ato no que já era uma carreira de sucesso no Vale do Silício. Era o primeiro ato que me interessava: quando ele ajudou a resolver o problema da MAE-East e nesse meio-tempo ergueu a Equinix bem acima do que hoje são os gargalos mais importantes da Internet.

"Quer ouvir a história toda?", disse Adelson, já engrenando, cutucando uma salada Caesar, de frango. "Foi um período interessante, um verdadeiro ponto de tensão para a Internet." Tudo aconteceu muito rápido, no auge do *boom* ponto-com. No fim de 1996, Adelson tinha um emprego na Netcom, um dos primeiros provedores comerciais da Internet no Vale do Silício. Ao contrário das empresas da Virgínia, concentradas em grandes clientes corporativos, o ganha-pão da Netcom eram os "nerds abandonados", recém-saídos das universidades de computação, desesperados por "manter o vício" da Internet. A Netcom começou conectando seus clientes pela *backbone* acadêmica, embora isso fosse uma clara violação de sua "política de uso aceitável". Não seria problema usar essa porta dos fundos para a Internet se ela só atendesse às necessidades de alguns programadores calados, mas quando as coisas decolaram, ficou insustentável. E assim, a um custo muito alto, a Netcom alugou uma linha de dados de sua sede na Bay Area, em Tysons Corner, para se juntar ao amontoado de redes na MAE-East. Adelson ficou chocado com o que encontrou ali. "Era um clube exclusivo. Se você não fosse uma empresa de telecomunicações e não estivesse controlando a fibra enterrada, tinha uma forte desvantagem. Eles nos diziam: 'Estamos sem capacidade.' Mas nunca se sabia se havia um conflito de interesses" – se eles queriam os negócios para eles mesmos.

Para crescer, a Internet tinha de ser libertada de interconexões calibradas, interferência de operadoras e os *switches* abarrotados que a National Science Foundation tinha codificado inadvertidamente com a criação dos pontos de acesso à rede. As redes tinham de ser capazes de se conectar com o menor atrito possível. "Dissemos: 'Devia ser uma Internet livre! Não é justo que esses *exchange points* sejam de propriedade de empresas de telecomunicações!'" Adelson lembrou do debate furioso nas listas de e-mails e quadros de mensagens da comunidade da rede.

Como abrir realmente a Internet se uma única empresa tinha, efetivamente, a corda de veludo esticada na frente da porta?

Adelson, com 26 anos na época, já se distinguira como um tipo diferente de cara de rede – um *Internetworker*, pode-se dizer. As redes atraíam predominantemente quem preferia a companhia da máquina, e não dos outros. "Para ser proficiente na tecnologia da Internet, nessa época, era preciso ser esquisito", explicou Adelson. Ele era – um pouco. Mexia obsessivamente com computadores desde criança, pendurava-se em quadros de mensagens de hackers e passava longas horas no laboratório da faculdade. Mas também estudou cinema na Universidade de Boston, e adquiriu o discurso rápido e as maquinações de um produtor de Hollywood. Sua habilidade levou as pessoas a se conectarem – assim como os computadores.

O mundo do *Internetworking* ainda é surpreendentemente pequeno, mas na época era mínimo e Adelson atraiu a atenção de um engenheiro de nome Brian Reid, da Digital Equipment Corporation, uma das mais antigas e mais respeitadas empresas de computação do Vale do Silício (agora parte da gigante Hewlett-Packard – outra empresa que nasceu e é sediada em Palo Alto). A Digital tinha um nó na ARPANET, quase desde o início, mas foi apenas em 1991 que começou a hospedar um link privado crucial da Internet – um fio esticado pela sala conectando as duas maiores redes regionais da era pré-MAE-East, a Alternet e a BARRnet. Originalmente foi criada no espírito de serviço à comunidade – "pelo bem da Internet", como os engenheiros preferem dizer. Mas à medida que a Internet cresceu, a Digital reconheceu outro benefício: o link lhe dava um lugar na primeira fila para um cruzamento essencial da Internet. Eles eram como especialistas em trânsito com escritórios diante da Times Square. E estava ficando uma confusão por lá.

A Digital era particularmente sensível às falhas da MAE-East porque projetava e fabricava o "GIGAswitch/FDDI", o roteador em seu cerne, que não conseguia acompanhar a demanda. Para continuar a crescer, era necessário haver uma nova maneira de as redes se conectarem umas com as outras, eliminando o problema do congestionamento. Reid teve a simples ideia de que as redes deviam se conectar de forma direta, plugando um roteador a outro, literalmente, em vez de todos se conectando a uma única máquina compartilhada, como na MAE-East e outros pontos de acesso à rede. A maioria das redes já transferira muito equipamento para os prédios, que transbordavam graças a isso. Eles precisavam de um ambiente melhor – um imóvel mais adequado do que um *bunker* de concreto construído num estacionamento – e um lugar que pudesse acomodar todas as interconexões diretas. Reid também imaginou que o modelo de receita mudaria: as conexões seriam "não tarifadas", o que queria dizer que a Digital não cobraria pela quantidade de tráfego. Ela cobraria aluguel pelo espaço físico da "gaiola" em que os clientes mantivessem equipamento, mas também pelo pedaço de ar mais sutil (e mais tênue) que cada fio atravessava para se conectar à gaiola de outra empresa. Na MAE-East isso teria significado suicídio comercial, como um restaurante dando comida de graça, mas a Digital pensava que podia ganhar dinheiro cobrando pela mesa. E valia a pena correr o risco particularmente se ajudasse no crescimento da Internet – e vendesse mais máquinas da Digital.

Essa empresa investiu alguns milhões de dólares em financiamento interno e reservou algum espaço de escritório: o porão do número 529 da Bryant Street, construído na década de 1920 como uma central telefônica. Em termos técnicos, seria "neutro em relação às operadoras", o que significava que a Digital não competiria com seus clientes, como os pontos de acesso à rede. E seria construída dentro de um " data center classe A", um espaço projetado especialmente para computadores e equipamentos de rede. Reid o batizou de "Palo Alto Internet Exchange", ou PAIX. Só precisava de alguém administrando o lugar – alguém que conhecesse as redes. Alguém com alguma visão.

Para Adelson, a oferta de emprego da Digital foi uma coisa engraçada. "Eu me lembro de pensar: 'Digital?' Todos os meus amigos iam para empresas ponto-com, iam ganhar milhões como donos de metade de suas *start-ups*, e eu sendo recrutado por uma empresa de 30 anos! Mas eu era um nerd da Internet, e a Digital tinha suas credenciais de nerd." Além disso, não foi exatamente assim que tudo se sucedeu.

O exterior do prédio da Bryant Street, 529 era impecavelmente conservado, suas paredes uma combinação das estruturas de arenito da famosa quadra de Stanford. Elaboradas gravuras em baixo-relevo cercavam a entrada, como se fosse um banco de Londres perdido. Letras em bronze diziam "PAIX" ao lado da porta. Entramos no pequeno saguão, escondidos da rua por vidros escurecidos. "Ah, meu Deus", disse Adelson, quando seus olhos se adaptaram à escuridão relativa. "Isso é muito, muito legal." Diante dele havia um grande "E" vermelho e preto – o logo da Equinix. Adelson não entrara nesse prédio desde um dia que fora ruim para ele, 1998, quando se desfez o aperto de mãos que ia fazer desta a primeira sede da nascente Equinix e o lugar foi vendido por 75 milhões de dólares. Mas só algumas semanas antes de nossa visita, uns 12 anos depois, a Equinix – sem Adelson – tinha finalmente adquirido a PAIX como espólio de sua compra de uma importante concorrente, a Switch & Data, por 689 milhões em dinheiro e ações. Para Adelson, o logo da Equinix na parede era o símbolo de um erro anterior que, enfim, foi consertado – a prova de que sua visão da Internet estava correta.

Fomos recebidos por dois técnicos, os dois que trabalhavam no prédio desde os primeiros dias. Em tempo de Internet, passaram-se várias eras, mas em meio aos abraços e tapinhas nas costas, o espaço de tempo parecia tranquilizadoramente humano. Os bebês recém-nascidos ainda não tinham crescido. "Eu ia perguntar o que você andou fazendo nos últimos 10 anos, mas é claro que eu sei!", disse Felix Reyes, um dos técnicos, a Adelson. "É bom ver você! Muita coisa mudou por aqui, muita política corporativa, muito crescimento. Mas ainda estamos vivos!" Isso parecia ser uma meia verdade: o prédio estava em seu quarto dono; a Internet estava transformada e tinha transformado tudo.

"É muito tempo em anos de Internet", disse Adelson.

Reys usava uma camisa polo, nova, da Equinix, preta, com o logo vermelho, e Adelson deu um peteleco nela. "Não ganhei nenhum brinde!", reclamou. "Eu sempre tive camisas da equipe de técnicos."

"Vamos te arrumar uma", disse Reyes. "Temos amostras de todas as camisas, de todos os anos."

"Este lugar trocou de mãos muitas vezes e sofreu várias metamorfoses, mas a realidade é que acontece o mesmo serviço aqui, desde o princípio", disse Troyer.

Fomos a uma escada atrás da mesa de segurança, na direção do porão, onde foi instalado o primeiro equipamento, já em 1997. No final daquele ano, a Palo Alto Internet Exchange tinha se tornado o mais importante prédio de seu gênero no planeta. Não detém mais esse título, mas ainda figura no topo de uma curta lista de lugares mais importantes da Internet: um ponto nodal chave onde as redes se conectam. O prédio em Milwaukee era o equivalente da Internet ao de um pequeno aeroporto regional, com apenas um ou dois aviões voando para alguns grandes eixos regionais, mas a Palo Alto Internet Exchange é como o Aeroporto Internacional de San Francisco, ou até maior – um "importante eixo de conectividade global"[4] nas palavras de Rich Miller, destacado observador do setor. O prédio a nossa volta era uma manifestação conjunta dessas conexões. Torna o imóvel apto a satisfazer um desejo técnico e econômico básico: é mais barato e mais fácil conectar duas redes diretamente do que depender de uma terceira para fazer isso. A PAIX é a rodoviária: um ponto central conveniente para levar um cabo de um roteador a outro. E, em particular, é um lugar popular para os cabos submarinos que ligam a Ásia à América do Norte instalar seus POPs de rede, ou "pontos de presença". Esse é o lugar que faz de "conectar" uma palavra física.

De um modesto saguão ao pé da escada, pude ver filas apertadas de gaiolas estendendo-se longe pela meia-luz, como as estantes de uma biblioteca. Cada uma tinha o tamanho aproximado de um cubículo e era alugada por uma única rede, que instala seu equipamento e começa a arranjar conexões com outras redes – procurando literalmente esticar um fio. Originalmente, as empresas que possuíam linhas de fibra óptica de longa distância foram para o prédio, para ficar próximas dos provedores de Internet, locais e regionais, que levavam a Internet aos lares e às empresas – as redes *eyeballs*, como eles chamavam. Esses eram os donos físicos da rede. Mas logo os "provedores de conteúdo" – um Facebook ou YouTube de hoje, mas na época uma Yahoo!, uma empresa de cartões de felicitações eletrônicos, ou um site de pornografia – também queriam estar perto, para melhorar as conexões com seus *eyeballs*. "Lembro-me de Filo e Yang, da Yahoo!, passando por aqui e pensei: 'Quem são esses palhaços?'", disse Adelson, sobre os cofundadores bilionários da Yahoo!. Mas à medida que a Internet evoluiu, por fim, todo mundo apareceu, de praticamente toda a parte, e hoje existem mais de 100 redes no total. Há grandes provedores de conteúdo, como Microsoft, Facebook e Google; empresas com foco em *eyeballs,* ou *número de acessos*, como Cox, AT&T, Verizon e Time Warner; e empresas de telecomunicações globais, grandes e pequenas, com uma representação particularmente forte do Anel do Pacífico – todos, da Singapore Telecommunications a Swisscom e Telecom New Zealand, Qatar Telecom e Bell Canada, chegando pelos cabos transpacíficos ou os grandes *backbones* que atravessam os Estados Unidos. Como uma capital mundial palpitante, a PAIX prosperou em sua própria diversidade. Tomamos o corredor mal iluminado ladeado de gaiolas e, diante de nós, havia uma enorme caixa de papelão, do tamanho de um boxe de chuveiro. Dentro dela, um roteador novo em folha, o modelo mais potente produzido pela Cisco, um dos líderes do setor, com um preço-base de seis dígitos. Só os maiores websites, as maiores corporações ou operadoras de telefonia teriam tráfego suficiente para justificar uma fera daquelas. Encontrá-lo ali, esperando para ser instalado, era como ver um 747 novo estacionado na pista do aeroporto. O que o tornava especial não era só o volume de dados que podia movimentar, mas o número de diferentes direções que podia tomar. Nesse sentido, para mudar a analogia, o grande roteador mais parecia um trevo no ponto de encontro de 160 rodovias – sendo 160 o número de "portas" que acomodava, cada uma delas com um processador que lidava com a comunicação com outro roteador, como uma rua de mão dupla. Era muito mais potente do que o velho Catalyst, ou o GIGAswitch. usados em Tysons Corner. Ainda mais extraordinário, representava as necessidades de uma única rede, em vez de estar no centro de muitas. Não era a máquina singular no coração do prédio, mas uma entre centenas, e todas estavam interconectadas.

Essas conexões sempre são físicas e sociais, feitas de fios e relacionamentos. Dependem da rede humana de engenheiros de rede. No início da carreira, Troyer gastava sua parcela de tempo livre sentado no chão de uma dessas gaiolas, lutando com um roteador com defeito. Mais recentemente, seu trabalho principal foi o de diretor social, estimulando redes a se conectarem –

e a Equinix, recolhendo uma taxa mensal, quando conseguiam. O que me surpreendeu foi a quantidade de gente que havia neste processo. Troyer conhecia os engenheiros de rede; era amigo deles, no Facebook, e fazia questão de lhes pagar umas cervejas. A Internet é formada de conexões entre redes, acordadas com um aperto de mãos e consumadas com a conexão de um cabo de fibra óptica amarelo. Tecnicamente, as conexões que acontecem aqui podem ocorrer por qualquer distância. Mas há uma profunda eficiência em fazer isso diretamente, em plugar minha caixa à sua, em um padrão que se repete exponencialmente.

Andar pela PAIX é uma lição de "efeito de rede", o fenômeno pelo qual uma coisa se torna tão mais útil quanto maior o número de usuários – levando mais pessoas a usá-la. Em Palo Alto, quanto mais grandes empresas se mudavam para o prédio, mais grandes empresas queriam estar ali, aparentemente *ad infinitum*, contrariando as leis da física – e a Câmara de Vereadores de Palo Alto. Todo esse equipamento precisa de geradores de eletricidade de apoio para o caso de falha no fornecimento; e os geradores precisam de uma grande quantidade de diesel armazenado – mais do que qualquer dos vizinhos gostaria de ter. "Tocamos estas instalações em sua capacidade máxima", lembrou Adelson.

Enquanto andávamos pelo corredor escuro, entre as gaiolas, as ramificações físicas de todas essas conexões estavam acima de nós: rios de cabos grossos em feixes, do tamanho de pneus, dispostos em suportes pendurados no teto, depois caindo em "cascata", como os técnicos chamam, em cada gaiola. O prédio zumbia com essa energia. "Você está sendo irradiado agora mesmo", disse Troyer, meio de brincadeira. "O Jay já tem três filhos, então ele está bem." Havia mais de 10 mil conexões de Internetwork, ou "interconexões", só nesse prédio. Isso era o emaranhado de cabos empoeirados atrás do meu sofá, inflado à escala de um prédio – e não era nada fácil de organizar.

Nos primeiros dias da PAIX, a "gestão de cabos" era um tremendo desafio técnico. A Internet era embolada. Experimentando diferentes maneiras de lidar com as coisas, a certa altura Adelson e sua equipe tentaram pré-instalar a fiação em diferentes partes do prédio para criar caminhos fixos que pudessem ser unidos, quando necessário, como uma mesa telefônica antiquada. "Mas o que aprendemos – ou o que o coitado do Felix aprendeu – é que sempre que fazia isso, introduzia-se um ponto de falha", lembrou Adelson, enquanto Reyes meneava a cabeça com a lembrança. Então, eles se limitaram a instalar os cabos quando fosse necessário. Alguns anos depois, um instalador de cabos particularmente talentoso, chamado John Pedro, ganharia a patente dos EUA 6.515.224 por sua técnica: um "sistema de bandejas de cabo em cascata", com "estrutura de apoio pré-fabricada".[5]

Ao andarmos entre as gaiolas cheias de caixas cintilantes. e o piscar de luzes verdes, tive de lembrar a mim mesmo de tentar associar o que via com seu efeito no mundo real, na vida das pessoas – confrontar, nos termos mais básicos, o modo como as coisas são movimentadas pela Internet. Isso exigia um salto de imaginação. Digamos que o fio amarelo ali pertença à eBay: de quem era o bule de chá de jade, colecionável, que zunia por ali? Ou o que um vinicultor da Nova Zelândia tem a dizer a um xeique do Qatar? Meu celular estava ligado e recebia e-mails. Eles passavam por aqui? Minha sobrinha perdeu um dente – a foto estava passando pela gaiola do Facebook ali?

Mas a Internet que me cercava não era um rio, em que eu pudesse mergulhar uma rede e puxar uma amostra para contar os peixes. Descobrir a escala de informações que experimentávamos a cada dia – descobrir, digamos, um único e-mail – seria mais semelhante a contar as moléculas da água. Cada um desses cabos de fibra óptica representava mais de 10 gigabits de tráfego por segundo – o suficiente para transmitir mais de mil fotos de família *por segundo*. O grande roteador tinha mais de 160 daqueles conectados de uma só vez; e este prédio estava cheio de *centenas* desses roteadores. Andar pelos corredores mal iluminados era como atravessar uma mata de quatrilhões, uma quantidade imensurável de informação.

Mas, para Adelson, houve uma época em que tudo era pessoal. Ele via uma história em cada canto. "Lembra quando derrubamos a Austrália?", perguntou ele, animado, ao grupo de excursionistas, parando na frente de uma gaiola, um pouco mais vazia do que as demais. Um roteador da Australia Internet Exchange – "Ozzienet ou coisa assim" – estava instalado no prédio, mas eles não pagavam as contas. Adelson lembra o telefonema que recebeu em casa, na noite em que, finalmente, tinham puxado a tomada: "Lembro da minha mulher: 'Tem alguém no telefone, não está nada feliz, e tem alguma coisa a ver com a Internet ter caído na Austrália.' Eu disse: 'É mesmo? Me dê isso aqui'."

Em outra gaiola ficava o antigo lar do Danni's Hard Drive, um grande site de pornografia – lar online de Danni Ashe, que o *Guinness*, uma vez, nomeou a "Mulher com Mais Downloads" (uma categoria que eles não medem mais).[6] Numa noite do fim da década de 1990, a própria Danni foi supostamente descoberta aqui no porão, nua, com seu disco rígido epônimo, tirando a "foto da semana". A turma de antigamente assentiu com a lembrança, mas depois eu ouvi a mesma lenda, repetida em outros grandes prédios da Internet, e quando por fim localizei Ashe e sua engenheira de rede da época, Anne Petrie, elas situaram o evento não em Palo Alto, mas na MAE-West, a prima do Vale do Silício da MAE-East. "Sou a mulher que antigamente era conhecida como Danni Ashe", escreveu-me ela. "Infelizmente, não me lembro de todos os detalhes daquele dia, mas acho que dois engenheiros que trabalhavam para mim na época se lembrarão."

E Petrie se lembrou. Ela passou 16 horas instalando dois novos servidores SGI Origin, o estado da arte na época, e Ashe e o marido foram ver. "Invariavelmente, sempre que Danni aparecia na televisão, caía tudo, devido ao fluxo de servidores com solicitações", lembrou-se Petrie. A foto comemorava a ocasião.

Entramos mais fundo no prédio e voltamos no tempo. Adelson parou diante de uma gaiola um pouco maior do que as outras e pediu aos rapazes: "Podemos entrar? Não vou tocar em nada. Tenho de entrar aqui!" O espaço mais parecia um pequeno escritório do que um cubículo, e foi construído no canto do prédio, com duas paredes sólidas em vez da típica malha de aço. Era repleto de equipamento que parecia antigo, marcado com alguns comutadores de pino de aço e um velho *headset* para telefone preto.

"Aqui foi contada uma das mentiras mais importantes que ouvi na vida", anunciou Adelson com gravidade fingida. Desde o início, a PAIX era "neutra com relação às operadoras", mas o começo também era "gratuito para as operadoras". Era como aquela semana depois de se mudar para uma casa nova, antes da ida do técnico da Internet. Não estava conectado. Um dos maiores desafios de Adelson era convencer donos de redes de fibra óptica concorrentes a "apontar" o prédio e estabelecer um "ponto de presença" – um lugar para se conectar. Mas na época as operadoras simplesmente não faziam isso. Mantinham seu equipamento nas próprias instalações, e você ia a eles, pagando um braço e uma perna pelo "*loop*" local" necessário para isso. (Foi essa situação que deu origem à MAE-East: sua empresa-mãe, a MFS, estava no negócio de *loop* local e a MAE-East era essencialmente um *loop* muito local.) Se uma operadora entrasse na PAIX, eles sabiam que outras fariam o mesmo. Então, Adelson mentiu. "Fui à Worldcom e disse: 'A Pacific Bell disse que vai entrar em umas três semanas.' E eles: 'Sério?'" Depois Adelson foi à Pacific Bell (agora AT&T) e disse a mesma coisa: "Adivinha quem está instalando seu *backbone* de fibra óptica no porão...?" Eles entraram em pânico – seu monopólio de *loop* local estava em risco. "Disseram assim, 'Vamos entrar!' Dissemos que tínhamos pedidos – mas inventamos a coisa toda." Adelson apontou o teto, onde um grosso feixe de cabos pretos desaparecia em um buraco escuro. Era o tipo de decisão de negócios – como levar um vendedor de cachorro-quente a um estádio de futebol – em que só era preciso convencer a tentar uma vez; depois, seria lembrado como a coisa mais inteligente já feita. Depois disso, o prédio se encheu com tal rapidez que a manutenção foi uma luta. Cada centímetro disponível foi ocupado por equipamentos.

"Havia racks até nos banheiros!", disse Adelson, enquanto subíamos para ver o que antigamente era o espaço de escritório e agora estava inteiramente convertido para equipamentos de rede. "Quantas vezes chegamos a um ponto, só nos primeiros dois anos, em que dizíamos: 'Não é fisicamente possível fazer mais nada neste prédio', e um mês depois, 'Tá legal, achamos um jeito!'" Eles chamaram o lugar de "Winchester Mystery House dos prédios da Internet", uma alusão à mansão mal-assombrada do Vale do Silício, da herdeira dos rifles Winchester, que durante 38 anos anexou cômodos obsessivamente, num esforço desesperado de fugir dos fantasmas que ela acreditava que sua fortuna tinha criado. Da mesma maneira, a PAIX estava num exercício de construção criativa. Espremida como estava numa quadra do centro de Palo Alto, não havia espaço para expansão horizontal. A prefeitura tinha pouca simpatia pelas quantidades crescentes de combustível necessárias para o funcionamento dos geradores de apoio. No aspecto sísmico, a estrutura estava por um fio – foi feita para abrigar escritórios, e não equipamento pesado de computação. Adelson meneou a cabeça ao se lembrar. "Não se podia ter escolhido prédio pior."

Mas o verdadeiro problema da Palo Alto Internet Exchange vinha de outro lado. Quase no momento em que o prédio se tornou um ponto de *switch* dominante da Internet, em janeiro de 1998, a Digital, sua empresa-mãe, foi adquirida pela Compaq Corporation por 9,6 bilhões de dólares, naquele que, na época, foi o maior negócio da história do setor de computadores. Era má notícia na Bryant Street. Enquanto a Compaq e a Digital lutavam para se integrar, havia uma preocupação crescente de que o negócio relativamente pequeno da PAIX caísse no ostracismo – e no exato momento em que a Internet mais precisava dele. A PAIX estabeleceu rapidamente o padrão para a conexão, sob um único teto da rede das redes que compunham a Internet. Mas o sucesso da PAIX foi também o seu calcanhar de aquiles: não havia o suficiente. A PAIX deixava claro que as *exchanges* neutras funcionavam. Mas também deixava claro que elas precisavam de espaço para respirar – que um prédio antigo num centro muito povoado (e caro) não era o ideal.

Adelson viu uma oportunidade. Foi a época em que todos, rigorosamente, tinham uma ideia para uma "ponto-com", em geral usando o poder virtualizante da Internet para transformar um negócio: da entrega em domicílio de mercadinhos a leilões, de listas de filmes a anúncios classificados. Mas se a maioria das pessoas via a Internet como um meio de deixar o mundo físico para trás, criando vitrines ou leilões virtuais, Adelson via uma necessidade não atendida na ideia contrária: todo virtual precisava de um mundo físico para chamar de seu.

Haveria Palo Alto Internet Exchanges em toda a parte. Adelson seria o Conrad Hilton da Internet, abrindo uma cadeia de "hotéis de telecomunicações", onde os engenheiros de rede teriam garantida uma experiência consistente. Ao contrário dos prédios das grandes operadoras de telefonia – como a Verizon ou a MCI –, esses seriam lugares neutros onde todo tipo de rede concorrente poderia se conectar. Ao contrário da MAE-East ou, num grau menor, da PAIX, eles seriam construídos com sistemas de backup e de segurança adequados, e projetados para facilitar ao máximo a conexão entre as redes. E, como uma edição matinal gratuita do *Wall Street Journal* num hotel executivo, as *exchanges* ofereceriam benefícios que tivessem apelo especial a seus clientes exclusivos: os engenheiros de rede (e ex-engenheiros de rede), como o próprio Adelson. O desafio era pensar onde, no grande planeta Terra, colocar estes lugares. De quantos deles a Internet realmente precisava?

Adelson dependia de um pressentimento sobre como evoluiria a estrutura da Internet: as redes precisavam se interconectar em múltiplas escalas. Tinham não só de ocupar o mesmo prédio, mas o mesmo prédio em diferentes lugares pelo mundo. As redes da Internet seriam globais, mas a infraestrutura sempre seria local. Nesse sentido, a analogia com o Hilton não requer nenhuma extrapolação: a Equinix não tentava estabelecer um único ponto central, mas uma curta lista de capitais nos mercados mais importantes – espelhando a tendência das grandes multinacionais de ter escritórios na mesma curta lista de cidades globais, de Nova York a Londres, Cingapura e Frankfurt. Uma "Internet Business Exchange" da Equinix se localizará no mesmo lugar em toda parte. Para mim – um viajante da Internet – isso representava certo paradoxo: uma instalação da Equinix seria melhor compreendida como localmente distinta e única, ou apenas uma parte de um reino global contínuo, um buraco de minhoca pelos continentes? Seria um data center da Equinix um lugar, ou não teria lugar? Ou as duas coisas?

Quando Adelson saiu da Digital, ele e um colega, Al Avery, rapidamente levantaram 12,5 milhões de dólares em capital de risco, principalmente dos mesmos grandes nomes interessados no crescimento da Internet, inclusive a Microsoft e a Cisco, a empresa do roteador. O "ix" do Equinix indicava uma *Internet exchange*; o "equi", sua intenção de ser neutra e não competir com os clientes. Segundo o acordo feito antes de Adelson sair da Digital, a Equinix adquiriria a PAIX, da Digital, como sua primeira instalação. Mas isso nunca aconteceu. Em uma virada dos acontecimentos que Adelson sempre considerou traição, o acordo privado se tornou um leilão aberto e a PAIX escorregou por entre seus dedos.

Mas a perda não mudava apenas a estratégia de negócios da nova Equinix, ela alterava indelevelmente a geografia da Internet. No pressuposto de que a Equinix abrangia a Costa Oeste, pelo menos para começar, Adelson concentrou-se na Virgínia, onde a MAE-East ainda era o centro de tráfego congestionado. Havia vantagens macrobásicas nessa atitude. O simples porte geográfico da América do Norte tornava ineficiente enviar dados de um lado a outro do país, especialmente múltiplas vezes. As viagens de 50 milissegundos acumuladas reduziriam perceptivelmente a velocidade das coisas. Para piorar o problema, a maior parte do tráfego de Internet intraeuropeu que chegava aos Estados Unidos se movimentava entre redes; os centros regionais ainda estavam no futuro. Os 6.500 quilômetros de Paris a Washington já eram uma boa distância, sem acrescentar outros 4 mil pelo continente. A Costa Leste precisava de um *hub* – e um *hub* mais eficiente do que a MAE-East.

Num exame mais atento, Adelson viu que o jeito óbvio de competir teria de ser colocar um novo prédio da Equinix em Tysons Corner. Mas não havia essa opção. O lugar "já era um inferno de telecomunicações há muito tempo", lembrou-se Adelson. As ruas que os cercavam tinham sido cavadas tantas vezes que as autoridades de planejamento do condado de Faifax estavam enjoadas disso. Mas o condado de Loudon, mais distante de Washington, ainda era composto, principalmente, de terras agrícolas à sombra do aeroporto de Dulles. E as autoridades do condado queriam entrar em ação. Adelson recorda o grande cartaz no saguão do gabinete do condado mostrando alguns cabos telefônicos, iluminados por trás com uma luz roxa, e um slogan esperançoso: "Onde a fibra está." Era de fibra que a Equinix precisava – e muita –, e de múltiplas operadoras, como na PAIX. Era a luz do sol numa estufa. As autoridades do condado de Loudon estavam ansiosas para ajudar a empresa a consegui-la, chegando ao ponto de oferecer à Equinix as autorizações necessárias para "se entrincheirar" – literalmente, cavar um buraco – na porta da frente do prédio. E dessa vez Adelson sabia que não teria de mentir às operadoras para ter sucesso. A PAIX se tornou rapidamente uma mina de ouro para elas, e a Equinix oferecia a mesma fórmula, mas em escala maior. A época não poderia ser melhor. Começara a corrida da banda larga, com bilhões de dólares de investimentos na construção de múltiplas novas redes nacionais de fibra óptica.

Para ajudar na escolha do local, Adelson contratou uma nova construtora, de um daqueles prédios de fibra óptica, e fez com que os funcionários levassem mapas ao trabalho. Juntos, eles se concentraram num pequeno lote de terra, metido entre a Waxpol Road e os trilhos sem uso da ferrovia Washington & Old Dominion, a cerca de 5 quilômetros da ponta da pista de decolagem de Dulles, na cidade não incorporada de Ashburn. A nascente Equinix comprou o terreno de cara. Tinha de ser dona da terra. O prédio que Adelson tinha em mente não podia ser transferido pelo quarteirão nos anos seguintes. Depois de instalado, seria um ecossistema delicado e inamovível, como um recife de coral, formado do crescimento constante de redes.

Mas, na época, o lugar estava vazio – ou pelo menos assim pareceu a Adelson, depois das restrições de Palo Alto. A PAIX tinha sido limitada (e ainda é até hoje) por sua localização no centro. Mas Ashburn equivalia a uma declaração do destino manifesto da Internet. A rede das redes não mais seria refém da infraestrutura telefônica espremida em cidades abarrotadas. A Internet podia se expandir para o interior virgem da América, onde o espaço para crescimento parecia não ter limites.

Hoje, Ashburn, na Virgínia, é uma pequena cidade que o pessoal da Internet considera gigante. Eles falam em "Ashburn" como se fosse Londres ou Tóquio, e em geral no mesmo tom. O complexo sem placas da Equinix fica atrás do hotel Embassy Suites, e não é mais nem menos discreto do que os pequenos depósitos e prédios industriais pelo quarteirão. No dia quente de junho em que fiz a primeira visita, um funcionário da manutenção, de máscara cirúrgica, varria a calçada vazia. Jatos zumbiam em voo baixo. Pesados cabos de energia cercavam o horizonte. O bairro era tão novo que, quando tentei dirigir pela quadra, as ruas de asfalto imaculado logo deram lugar a cascalho. Meu GPS me mostrou estar cruzando um campo aberto. O mapa não considerava esse terreno. Dos dois lados da rua, acessos de tamanho industrial entravam 15 metros por gramados verdejantes e paravam, como se esperassem outras instruções.

Em outra visita, um ano depois, as coisas tinham mudado: o Embassy Suites ainda existia, junto com a igreja Christian Fellowship em um prédio do tipo caixote, ao lado, como um *Home Depot*. Mas as campinas vazias, do lado distante do pequeno campus da Equinix, encheram-se com o que pareciam dois porta-aviões ancorados. Eram novos e imensos data centers construídos por um concorrente, a DuPont Fabros, em um arranjo parasitário explícito – um Burger King na frente de um McDonald's. Era uma pista da importância particular de Ashburn. Ficava no extremo lógico da proposição padrão da Internet e da evolução do insight inicial de Adelson: se, na maior parte do tempo, contamos que a Internet nos deixará ir a qualquer lugar, Ashburn tornou-se um local único na Terra – um lugar digno de peregrinação. Quando fui lá, tive problemas para encontrar a porta. A Equinix crescera, enchendo seis prédios térreos, quando a visitei; no início de 2012, outros quatro foram acrescentados, totalizando mais de 65 mil metros quadrados – cerca de metade de um prédio comercial de 20 andares – distribuídos em torno de um estacionamento estreito. Não vi nenhuma entrada e não havia placas, só portas de aço que pareciam saídas de incêndio. Mas o estacionamento estava cheio, e segui um cara para o saguão de segurança do que se mostrou o prédio errado. Quando finalmente encontrei Dave Morgan, diretor de operações do complexo, ele não viu motivos para se desculpar. Ao contrário, seu objetivo era confundir: os clientes ficavam mais tranquilos com o anonimato do lugar, "a não ser, talvez, em sua primeira visita". Depois, ele me deu uma dica útil para a próxima vez em que eu me visse perdido de novo no caminho para a Internet: procure a porta que tem um cinzeiro ao lado.

O saguão era fortemente iluminado com luzes halógenas. Havia móveis de sala de espera executiva, dois seguranças uniformizados, aninhados atrás de vidro à prova de balas, e uma grande TV sintonizada na CNN. Troyer esperava do lado de dentro. Veio da Califórnia para dar uma mostra adequada. Tinha experiência desse lugar, de seu primeiro emprego como técnico de rede na Cablevision, uma empresa de TV a cabo de Nova York (e dona de meus fios mastigados pelo esquilo). A Cablevision sempre esteve à frente da curva que oferecia alta velocidade a seus clientes, o que significava que tinha muito tráfego de Internet para movimentar. Era tarefa de Troyer fazer com que a movimentação fosse eficiente – e barata – ao máximo. Ele estendeu o *backbone* da Cablevision de Nova York para cá, para se conectar diretamente com as muitas redes diferentes, e assim reduzir o valor que a empresa pagava a intermediários, ou redes de "trânsito", para fazer isso por ela. Era mais barato para a Cablevision alugar seu próprio "cano" até a Virgínia do que depender exclusivamente das opções locais em Nova York (e principalmente lá). A geografia da Internet é mesmo particular. (Não que envolva alguma cavação de trincheiras; a empresa apenas alugava capacidade de uma via de fibras já existente.) "Esse é o ponto de vista da maioria dos provedores de serviço da rede", explicou Troyer. "Para onde posso mandar meus dados de rede fisicamente – geograficamente – para que lá chegue à maioria dos vetores? Ou, para voltar à analogia do cano, para onde posso arrastar meus dados, onde exista a maioria dos canos disponíveis, a fim de enviá-los pelo caminho mais curto possível?" Essa era a questão idêntica à enfrentada pelos caras na Tortilla Factory (na mesma rua, perto daqui) quando decidiram se transferir para a MAE-East. E era a questão idêntica à que Adelson enfrentou, quando estava na Netcom. Para todos nós, sentados diante de nossas telas, a Internet só funciona porque cada rede está conectada, de algum modo, às outras. Então, onde acontecem fisicamente essas conexões? Mais do que na maioria dos lugares, a resposta é "em Ashburn".

Na Equinix, o trabalho de Troyer era se conectar – socialmente – com pessoas (como ele próprio era antigamente) que administram grandes redes de Internet, e sempre procuram mais lugares para levá-las, sem depender de nenhum novo intermediário. Combina com ele, como um extrovertido no meio de uma multidão de introvertidos. Ele ficaria bem à vontade, vendendo tempo de televisão ou fundos mútuos, ou outra coisa igualmente abstrata e cara. Mas, de vez em quando, ele passa de vendedor piadista a *geek* da rede, oferecendo um solilóquio de protocolos técnicos e especificações operacionais, seu maxilar cerrando-se com o esforço da precisão. Mesmo os mais sociáveis profissionais da rede reconhecem o *geek* que existe em seu íntimo. Sem dúvida, ele não é o único nos escritórios da Equinix no Vale do Silício, para onde vai de sua casa em San Francisco. Depois que Adelson deixou a empresa, por algum tempo, ele ia a seu emprego na Digg de Nova York, dividindo um canto com Troyer no Mission District. A Internet é um mundo pequeno.

E um mundo fortificado – ou assim pareceu naquela manhã de Ashburn. Entrar em Ashburn exige um processo de identificação complicado. Morgan, o diretor de operações, registrou um "crachá" anteriormente, para minha visita ao sistema, que os seguranças atrás do vidro à prova de balas verificaram novamente, comparando com minha carteira de habilitação. Depois, Morgan entrou com um código, em um teclado ao lado de uma porta de metal, e colocou a mão num scanner biométrico, que parecia um secador de mãos de banheiro de aeroporto. O scanner confirmou que a mão pertencia a ele e a tranca eletrônica se abriu. Nós três entramos em um vestíbulo do tamanho de um elevador – afetuosamente chamado de "armadilha humana" – e a porta atrás de nós se fechou. Esse era um aspecto bem ao gosto de Adelson, datado da visão inicial da Equinix. "Se quero fechar negócio com uma empresa de telecomunicações japonesa, e quero impressioná-los, preciso levar 20 pessoas para conhecer esse prédio", foi como ele explicou. E é melhor parecer "cibertremendo", para usar uma palavra do agrado de Adelson. A "armadilha humana" não só controlava o acesso para dentro e para fora do prédio, mas também (ao que parecia) induzia a um momento de frisson. Por alguns longos segundos, nós três olhamos a câmera de vigilância instalada num canto alto, abrindo um sorriso rígido para os seguranças ocultos. Passei um momento admirando as paredes com painéis de vidro azul ondulado e iluminado, feitas por uma artista na Austrália. Todos os primeiros data centers da Equinix tinham iguais. Depois desse tempo todo, pausa dramática, as portas pressurizadas se abriram com um *estalo* forte e um *silvo*, e fomos soltos no saguão interno. Era *cibertremendo* demais. Seu teto alto era pintado de preto, como em um teatro, e desaparecia no escuro. Spots deixavam pequenas poças de luz no piso. "Parece um pouco Las Vegas", disse Troyer, "sem dia, nem noite". Ali dentro havia uma cozinha, máquinas de lanche, uma série de videogames no estilo fliperama e um balcão comprido, como num *business center* de aeroporto, com tomadas de eletricidade e Ethernet, onde os engenheiros podiam fazer os negócios do dia. Os bancos estavam todos ocupados. Muitos clientes despacham seu equipamento antes e pagam pelo serviço "especializado" da Equinix para tê-los "empilhados na estante", como dizem. Mas eram pessoas carinhosamente conhecidas como "amantes dos servidores" que, por opção ou por necessidade, passavam seus dias ali. "Eles são cativos, como Norm, em *Cheers*, pegando sua banqueta de bar", disse Troyer, acenando para um gordo de jeans e camiseta preta, curvado sobre seu laptop. "Mas isso não é um resort." Atrás da área da cozinha, havia uma sala de reuniões com paredes de vidro, cadeiras Aeron e botões de viva-voz vermelhos embutidos na mesa. Meia dúzia de homens e mulheres com trajes executivos abriam pastas e laptops na mesa de reuniões, auditando os sistemas de um cliente, provavelmente um banco. Ao lado da sala de reuniões havia uma parede vermelha e curva. Chamavam de "o silo", um nome que evoca mais um míssil balístico do que grãos. Era o traço arquitetônico característico da Equinix – seus arcos dourados.

Adelson adorava esta ideia: que um engenheiro responsável por uma rede global se sentisse em casa, nas instalações da Equinix, em qualquer lugar. Havia cerca de 100 locais da Equinix em todo o mundo, e todos adotavam firmemente os padrões da marca, o melhor para ser facilmente navegável por esses nômades, na busca interminável e global de seus bits. Ostensivamente, a Equinix aluga espaço a máquinas, e não a pessoas; mas o insight humanista de Adelson era de que as pessoas ainda eram mais importantes. Um prédio da Equinix é projetado para as máquinas, mas o cliente é uma pessoa, e um tipo específico de pessoa. De acordo com isso, um data center da Equinix é projetado para ser como *deve* ser, um data center, só que mais: como algo que saiu de *Matrix*. "Se você levou um cliente sofisticado ao data center e ele viu que o lugar era limpo e bonito – brilhante, *cibertremendo* e impressionante –, o negócio está fechado", disse Adelson.

Troyer, Morgan e eu passamos por um portão em uma parede de malha de aço e foi como entrar numa máquina: só tumulto e zumbidos. Os data centers são resfriados para compensar o calor incrível emitido pelo equipamento que os preenche. E são ruidosos, com o barulho dos ventiladores que empurram o ar frio combinado, em um só ronco ensurdecedor, alto como uma via expressa movimentada. Ficamos diante de um longo corredor, ladeado por gaiolas de malha de aço escurecido, cada uma delas com um scanner de impressão de mão ao lado da porta – semelhante ao da PAIX, mas muito mais dramático. Os spots azuis criavam um padrão repetido, suave de globos luminosos. Todos na Equinix confessam objetivar certo drama visual, mas também observam rapidamente que o esquema de iluminação tem também um propósito funcional: as gaiolas de malha permitem que o ar circule mais livremente do que em pequenas salas fechadas, enquanto a luz baixa garante certa privacidade – evitando que concorrentes vejam de perto o equipamento que você está operando.

Os prédios da Equinix em Ashburn (e em toda parte, mas especialmente aqui) não têm filas e mais filas de servidores, eles mesmos cheios de enormes discos rígidos que guardam caminhos da web e vídeos. São ocupados principalmente por equipamento de rede: máquinas, no negócio exclusivo de dialogar com outras máquinas. Uma empresa como Facebook, eBay ou um grande banco têm seu próprio centro de armazenamento de dados – talvez alugando espaço ao lado, dentro dos porta-aviões da DuPont Fabros, ou em um prédio próprio a centenas de quilômetros, onde a energia elétrica seja barata e haja fibra suficiente no chão para manter a empresa conectada. Então, uma empresa se "amarrará" aqui, trazendo uma conexão de fibra óptica a esse centro de distribuição, e espalhará seus dados de uma única gaiola. (Exatamente o que o Facebook faz – em várias instalações da Equinix pelo mundo, inclusive Palo Alto.) O armazenamento pesado acontece em cantos remotos no depósito, enquanto as maquinações – a verdadeira troca de bits – acontecem aqui, na versão da Internet de uma cidade, enfiada em nossa versão dos subúrbios, onde centenas de redes têm seus escritórios (ou gaiolas) colados umas nas outras.

Eu podia ver a incorporação física de todas aquelas conexões acima de nós, onde rios de cabos obscureciam o teto. Quando os clientes querem se conectar, solicitam uma "interconexão", e um técnico da Equinix sobe numa escada e leva um cabo de fibra óptica amarelo de uma gaiola a outra. Com essa conexão instalada, as duas redes terão eliminado um "salto" entre elas, tornando a transmissão de dados mais barata e mais eficiente. Para os técnicos da Equinix, a instalação de cabos é uma forma de arte, com cada tipo individual colocado em certa camada, como um milfolhas de data center. Mais perto de nossa cabeça estão os condutores de plástico amarelo, do tamanho e forma de calhas de chuva, em geral feitos por uma empresa de nome ADC. Entram em um sistema eretor de réguas, "calhas" e conectores, vendido em tamanhos variados, dependendo de quantos cabos você precisa puxar. O "Sistema 4 x 6", por exemplo, pode sustentar a união de 120 cabos amarelos de 3mm, enquanto o "sistema 4 x 12" lida com 2.400 deles. A Equinix compra os condutores em tal quantidade que a empresa de vez em quando requisita cores customizadas – plástico transparente, ou vermelho, em contraste com o amarelo padrão. Os cabos mais antigos estão na base de uma pilha. "É quase como um núcleo de gelo", disse Troyer. "Quando cava, você vê sedimento de certos períodos de tempo." Dada a taxa mensal cobrada para cada "interconexão", esse é o ganha-pão dos negócios da Equinix. O contador vê como receita recorrente mensal. Os engenheiros de rede veem vetores. Os técnicos de data center veem a dor nas costas que ganharam, chegando de escada ao alto dos racks para passar os cabos. Mas na forma mais tangível possível, esses cabos são o *Inter* de Internet: o espaço intermediário.

Uma camada mais próxima do teto, acima da fibra amarela, é a "barbatana", um estilo mais aberto de organizador de cabos que parece a caixa torácica de um grande mamífero marinho. Sustenta os cabos de dados de cobre, fisicamente mais grossos, mais fortes e mais baratos do que os de fibra óptica amarelos, mas podem carregar os dados. Acima disso está o suporte de aço inox para o cabo de corrente alternada; depois, uma estrutura de metal preta e grossa, para a corrente contínua; e depois, grossos cabos elétricos verdes para aterramento, cada camada visível acima das outras como galhos numa floresta. Por fim, quase junto do teto preto, fica o "conduto interno": um tubo de plástico rígido pelo qual correm as faixas grossas de fibra óptica operadas pelas próprias empresas de telefonia. Era ali que a Verizon, a Level 3 ou a Sprint teriam seus cabos. Ao contrário dos cabos emendados e amarelos, cada um contendo um filamento de fibra, o conduto interno pode ter até 864 fibras, apertadas, para economizar espaço. Essa é a medula espinhal de Ashburn – o que Adelson lutou para colocar no prédio – e ocupa o lugar mais seguro, como deve ser, fora de alcance, perto do teto. "Essa coisa é importante para nós", disse Troyer. "É a fibra encapada que entra que nos dá nosso valor."

Seguimos o caminho do conduto interno ao centro do prédio, uma área conhecida como "Fila das Operadoras". Concentrar os figurões no meio é prático: limita a probabilidade de ter de fazer um percurso de 180 metros de um canto do prédio a outro. Mas também é simbólico: esses são os garotos populares, parados no meio da festa, com todos os outros na margem esticando o pescoço para ver.

Chegamos a uma gaiola de luzes acesas. Troyer é profissionalmente discreto sobre que empresas têm equipamento ali, mas falou satisfeito da anatomia de uma instalação típica. No canto mais próximo do espaço do tamanho de uma vaga de carro, estava "DMARC", abreviatura para "demarcation point", "ponto de demarcação", uma antiga expressão de telecomunicações que descreve o lugar onde termina o equipamento da empresa de telefonia e começa o do cliente. Funciona da mesma forma aqui. A estante de metal e plástico pesado, do tamanho de uma caixa de disjuntores de uma casa grande, era o quadro físico de comutadores de onde a Equinix deslocava os cabos de comunicação aos clientes. Era o equivalente, de porte industrial, de uma tomada telefônica: um dispositivo passivo, ou "burro", um objeto sólido, cuja tarefa era manter os cabos arrumados e organizados e facilitar a conexão com eles. A partir do DMARC, os cabos corriam por bandejas, no alto, até a série principal de racks. Os racks de data centers sempre têm 19 polegadas, cerca de meio metro de largura – uma dimensão tão padronizada que é uma unidade em si: uma "rack unit", ou "RU", mede 19 polegadas de largura por 1,75 polegadas de altura. Aqui, o coração da operação era um par de roteadores Juniper T640, máquinas do tamanho de secadoras de roupas, projetadas para enviar uma enorme quantidade de pacotes de dados a seus destinos. Essas duas devem ter sido instaladas de modo que, se uma desse defeito, a outra imediatamente interviria e compensaria a falha. Troyer contou as portas de 10 gigabits de uma delas, cada uma com uma luz verde e um cabo amarelo. Eram 17 portas. Trabalhando juntas, elas podem movimentar no máximo 170 gigabits de dados por segundo – o tipo de tráfego que uma empresa de cabo regional como a Cablevision pode acomodar, servindo às necessidades agregadas de seus 3 milhões de clientes. A severa capacidade de computação era necessária, para tomar as incontáveis decisões lógicas de enviar tantos pacotes de dados pela porta correta, depois de verificá-los, em comparação com uma lista interna de possibilidades. Essa capacidade gerava forte calor, que, por sua vez, exigia ventiladores de achatar os cabelos, para impedir que a máquina cozinhasse. As máquinas rugiam com o esforço. Todos semicerramos os olhos para o ar quente que soprava em nós, pela parede de malha da gaiola.

Ao lado dos grandes roteadores, havia um rack com dois servidores de uma RU. Eles eram pequenos demais para fazer qualquer trabalho sério, "servindo" a web pages ou vídeos. Mais provavelmente, estavam apenas rodando software para monitorar o tráfego da rede – como técnicos robóticos de jaleco de laboratório, tomando notas em uma prancheta. Abaixo desses servidores havia algum equipamento "fora da banda", o que significava que estava conectado ao restante do mundo por uma via inteiramente distinta dos principais roteadores – talvez até por um velho modem telefônico, ocasionalmente por uma conexão móvel, como um celular, ou ambos. Era o mecanismo de segurança. Se algo desse terrivelmente mal com a Internet (ou, mais provavelmente, com apenas essa parte dela), esses protetores da rede podiam telefonar para os grandes Junipers para consertar, ou pelo menos tentar. Ninguém queria depender de suas próprias linhas com defeito. Mas sempre há outra opção: o cabo de força volumoso no chão, do qual brotavam não só grandes cabos elétricos, mas também um cabo de Ethernet, que o conectava à rede. Assim como você pode desplugar e plugar de novo sua conexão, em casa, para que volte a funcionar, essa fazia o mesmo, embora remotamente. Um engenheiro podia ligar e desligar a força a distância – o que não era uma boa solução, ainda mais aquelas caixas de meio milhão de dólares. Mas nem sempre dava certo. Às vezes os técnicos tinham de aparecer pessoalmente para puxar a tomada.

A Equinix Ashburn vê mais de 1.200 visitantes por semana, mas eu não teria imaginado nada disso andando por ali. O tamanho do lugar, o funcionamento 24 horas por dia e as predileções noturnas dos engenheiros de rede o faziam parecer vazio. Ao andarmos pelos longos corredores, víamos de vez em quando um homem sentado de pernas cruzadas no chão, com o laptop aberto, conectado a uma das máquinas gigantes – ou talvez sentado em uma cadeira dobrável quebrada, com o encosto torto. Era desagradavelmente barulhento, o ar era frio e seco, a meia-luz perpétua desorientava. E se um cara estava no chão, era porque alguma coisa dera errado – uma rota estava "pipocando", um cartão de rede "fritou" ou outro contratempo atingiu sua rede. Ele está lutando mentalmente com o equipamento complexo e fisicamente desconfortável. Ao passarmos por um sujeito de aparência cansada, sentado em uma pequena poça de luz, como um duende, Troyer meneou a cabeça, solidário. "Outro pobre coitado sentado no chão." Ele gritou para o corredor: "Eu sinto a sua dor!"

Passamos pela sala estreita onde ficam as baterias que fornecem energia imediata, se falharem as linhas de força. Ficam empilhadas até o teto, dos dois lados, como gavetas em um necrotério. E passamos pelas salas de geradores que assumem o fornecimento de eletricidade em segundos. Dentro deles, há seis enormes geradores amarelos, cada um do tamanho de um ônibus escolar, capaz de gerar 2 megawatts de energia (criando os 10 megawatts de que o prédio precisa, para capacidade plena, com dois a mais, por via das dúvidas). E passamos pelos resfriadores de 600 toneladas, usados para manter o lugar frio: um inseto gigante de aço, de canos em arco, cada um deles com o diâmetro de uma pizza grande. Com todas as máquinas de alta tecnologia e incontável quantidade de bits, a prioridade máxima da Equinix é manter a energia fluindo e a temperatura baixa: são as máquinas da empresa que mantêm as outras máquinas em funcionamento. A maior parte do que vi, até agora, podia estar em qualquer outro data center. O equipamento chegou em engradados com trilhos de madeira, em caixas de papelão com CISCO estampado na lateral, ou na traseira, de um imenso reboque, com EXCESSO LATERAL adornando o para-choque. Mas finalmente chegamos a uma sala onde isso não é verdade, e que me animou ver mais do que todas as outras. Dentro dela a imensidão do planeta – e a particularidade desse lugar nele – era mais explícita. A placa de plástico na porta dizia CÂMARA DE FIBRA 1. Morgan a destrancou com uma chave (não havia scanner de mão ali) e acendeu a luz. O espaço pequeno era silencioso e quente. Tinha paredes brancas e piso de linóleo, marcado com alguns arranhões do barro da Virgínia. No meio da sala havia uma estrutura de aço de boca larga, como três escadas encaixadas de lado. Tubos de plástico grossos saíam do piso e subiam à altura da cintura, uma meia dúzia, dos dois lados de um suporte, abertos no alto, cada um com largura suficiente para caber um braço. Alguns tubos estavam vazios. Outros expeliam um cabo preto e grosso, talvez com um quinto da largura do tubo. Cada cabo tinha a placa da operadora de telecomunicações que era sua dona, ou fora, antes de ser comprada ou falir: Verizon, MFN, Centurylink. Os cabos eram ligados à estrutura larga em espirais, depois subiam em alça, para o teto, onde cada um alcançava o mais alto nível da escala de suportes – o conduto interno da operadora. Era aqui que a Internet encontrava a terra.

Existem diferentes tipos de conexão. Há as conexões entre pessoas, os mil tipos de amor. Existem as conexões entre computadores, expressas em algoritmos e protocolos. Mas essa era a conexão da Internet com a terra, a sutura entre o cérebro global e a crosta geológica. O que me emocionou nessa sala foi o quanto essa ideia ficava patente. Sempre estamos em algum lugar do planeta, mas raras vezes sentimos o local de uma forma profunda. Por isso, subimos montanhas ou atravessamos pontes: para a certeza temporária de estar em um local específico do mapa. Mas esse lugar, por acaso, era oculto. Não se podia capturar numa fotografia, a não ser que se apreciem fotos de armários. No entanto, entre as paisagens da Internet, estavam a confluência de rios poderosos, a entrada de um grande porto. Mas não havia farol nem sinalização. Tudo era subterrâneo, imóvel e escuro – embora feito de luz.

Troyer há muito fora simpático a meu estranho pedido. Ele vira minha empolgação ao entrar naquela salinha que parecia ancorar o prédio todo – e com ele, grande parte da Internet – no planeta. "Este prédio existe para que os dados possam entrar e sair", ele monologou. "É o ponto de encontro onde a Internet se reúne fisicamente, nas conexões, e assim pode se tornar inconsútil e transparente ao usuário final. Por acaso onde você está parado há a maior concentração de provedores em um único terreno nos Estados Unidos." Entre os lugares onde as redes de Internet se conectavam, esse estava entre os maiores – a conexão das conexões. Quente e silencioso. Eu sentia o aroma: tinha cheiro de terra.

Abri um largo sorriso com a ideia – do lugar singular da Internet que era esse. E Troyer me derrubou. Como dizia a placa na porta, essa era a Câmara de Fibra 1. Do outro lado do prédio ficava a Câmara de Fibra 2. Havia todos os outros prédios no campus, cada um com suas várias câmaras de fibra. Esse era o lugar, mas aquele também. E aquele. E o outro. A Internet estava aqui, ali e em toda parte.

Voltamos pelo prédio, ao silo vermelho, à armadilha humana, saindo no saguão. Passei meu crachá de visitante pela fresta para o segurança atrás da vidraça à prova de balas. Abrimos a única porta diferente das outras e saímos do prédio frio e escuro, entrando no dia quente e luminoso da Virgínia.

Troyer levantou a mão para o céu e gemeu: "Ahhh, globo gigante e feroz!"

4

Toda a Internet

Naquela noite em Washington, hospedado na casa de minha irmã, contei a minha sobrinha de 8 anos o que vira na Equinix. Ela era típica de sua geração, usuária de mensagem instantânea, YouTube, bate-papo por vídeo, iPad: uma nativa digital. E como a maioria das crianças de 8 anos, é difícil impressioná-la: "Eu vi a Internet!", disse-lhe eu. "Ou pelo menos uma parte muito importante dela." Eu estava acostumado com adultos franzindo o cenho para declarações como essa, céticos de que a realidade física da Internet pudesse ser tão perceptível. Mas ela não achou nada estranho. Se você acredita que a Internet é mágica, é difícil apreender sua realidade física. Mas se, como minha sobrinha, você nunca conheceu um mundo sem ela, por que a Internet não estaria lá fora, não seria algo que você pode tocar? Pareceu-me que o assombro da infância era uma boa maneira de olhar este mundo; transformava estruturas diárias em monumentos. E realmente – mesmo pelos padrões de um adulto racional – a Equinix Ashburn era *a Internet* num grau muito maior do que pode alegar a maioria dos outros lugares no planeta. A Internet é algo vasto e quase infinito, mas também é espantosamente íntima. O quanto eu poderia ser redutivo em minha imaginação da Internet e minha experiência de sua realidade física? Quais eram os limites da precisão?

Por todo o livro, tenho colocado "Internet" em maiúscula, tratando-a como um nome próprio. Isto contraria cada vez mais as convenções. Apesar de, nos primeiros tempos, a Internet ter sido reconhecida universalmente como algo único e, portanto, merecedor de sua maiúscula, com o tempo essa novidade se perdeu. Como o site Wired.com explicou, quando deixou de usar o "I" maiúsculo, em 2004: "No caso da internet, da web e da net, era necessária uma mudança em nosso estilo, para colocar em perspectiva o que é a internet: outro meio de mandar e receber informações."[1]

Mas não é como eu vejo. Pelo menos não exclusivamente. Porque assim que comecei a me envolver com a presença física da Internet – seus lugares – entrou cm foco algo singular, embora incomum e amorfo. Mantendo o nome próprio, também estou sustentando a ideia de que a Internet está comprovadamente *ali*, depois que sabemos onde olhar. E não quero dizer com isso que está escondida atrás de portas fechadas, em prédios sem placas, mas em toda parte – nos fios que circulam pela quadra e nas torres da silhueta da cidade. Não estou dizendo que não tenho consciência dos limites dessa ideia, e não estou disposto a reconhecer como as redes fogem de vista. Ver a Internet assim exige certa imaginação (de vez em quando atravessa a fronteira para a alucinação). A escritora Christine Smallwood teve razão quando observou que "a história da Internet é uma história de metáforas sobre a Internet, todas tropeçando neste dilema: como conversamos sobre um Deus invisível?"[2] Ela pesa os méritos relativos de descrever a Internet como um caramelo, uma banheira, uma estrada ou um avião, antes de, por fim, reconhecer como a Internet é feia – a verdadeira Internet, aquela que visitei. "Eu queria", conclui ela, "que a Internet parecesse o Matt Damon, ou as frases levemente escritas por uma mão invisível no céu escuro."[3] E assim ela reencontra seu velho amigo: um aglomerado amorfo, o universo infinito, vasto, incontido e em expansão. Todas as metáforas dos poetas se abrigam sob o mesmo céu estrelado.

Mas, como percebi, os comediantes tendem a tomar a direção contrária, para "a Internet" como máquina singular. No episódio do desenho animado de televisão *South Park* intitulado "Over Logging",[4] os personagens baixinhos e irritantes enfrentavam um caso particularmente extremo de um dilema familiar: a Internet parou, em toda a parte. Primeiro eles tentam entender se isso estaria de fato acontecendo, mas "não tem Internet para descobrir se tem Internet!", diz, com o rosto inexpressivo, um personagem. Logo "a Internet" em si aparece na tela, na forma de uma máquina do tamanho de uma casa, parecendo muito uma versão gigante de um roteador doméstico Linksys, o azul, com a frente preta e uma antena de orelha de coelho na parte de trás, iluminado por luzes *klieg*, em seu *bunker* subterrâneo. Agentes do governo, de óculos escuros, tentam ao máximo consertá-la – a certa altura, tocando o famoso tema de cinco notas de *Contatos imediatos de terceiro grau* composto por John Williams, como uma bênção. Por fim, um dos meninos descobre a solução: sobe em uma rampa de aço do tipo porta-aviões que leva à grande máquina, vai à parte de trás, a desconecta de uma tomada enorme e a conecta novamente. Salvação! A "luz amarela intermitente está verde e firme de novo!", grita um garotinho. E a paz prevalece.

O seriado britânico *The IT Crowd* levou a mesma piada ao extremo oposto: a Internet não era uma máquina grande, mas miudinha. Numa brincadeira de escritório, dois homens de IT convencem uma colega crédula de que "a Internet" está dentro de uma caixa de aço preta, que mal tem o tamanho de um sapato, com um único LED vermelho. Normalmente vive no alto do Big Ben – "é ali que se consegue a melhor recepção" –, mas, com a permissão dos "Anciãos da Internet", eles podem ficar com ela emprestada por um dia, assim, a colega pode usar para uma apresentação do escritório. "Isto é a Internet?", pergunta ela, incrédula. "*Toda* a Internet? É pesada?" Seus colegas gargalham dela. "Essa é uma pergunta boba. A Internet não *pesa* nada."⁵

Vendo esses clips no YouTube, senti um tremor de constrangimento. Parecia que eu estava numa caçada inútil, procurando um mundo que poucos acreditavam existir. Mas se eles soubessem! A Internet não estava numa caixinha de aço, é claro – não *in totum* pelo menos. Mas isso não quer dizer que não existissem algumas caixas de aço de imensa importância (e que de vez em quando podem precisar ser desconectadas e reconectadas). Às vezes o centro da Internet – ou pelo menos *um* centro – não é nada mais particular do que um prédio. Então, onde ficavam as caixas maiores e mais importantes? E quem eram esses "Anciãos da Internet" que davam as ordens, supondo-se que eles realmente existissem?

A resposta às duas perguntas está no mundo íntimo das *Internet exchanges*. A terminologia pode ser confusa, mas a maioria dos lugares onde as redes de Internet se encontram é conhecida como *Internet exchange*, em geral, abreviado para "IX". A PAIX a tem em seu nome, e também a Equinix, embora de forma mais sutil. Porém as coisas começam a ficar mais delicadas porque uma "IX" pode se referir tanto ao prédio de tijolos onde a rede se conecta a outras como às instituições que promovem essa conexão, cujo equipamento, em geral, se espalha por vários prédios da cidade. A distinção que importa aqui é que uma *Internet exchange* não precisa ser um imóvel, pode ser uma organização. Mas ainda é um objeto físico – em geral com uma única máquina em seu cerne.

A razão de ser de uma *Internet exchange* é clara e não é muito diferente do princípio fundamental da MAE-East: leve seus pacotes a seu destino da forma mais direta e barata possível, aumentando o número de possíveis vias. Embora Ashburn sirva a seu propósito em escala global, também há uma necessidade de *hubs* regionais menores. À medida que a Internet cresceu, essa necessidade aumentou drasticamente. Muitos engenheiros usam a analogia do aeroporto: além de alguns megacentros globais, existem centenas de centros regionais, que existem para capturar e redistribuir o tráfego que for viável em sua área. Mas como acontece com as linhas aéreas, os nós menores desse sistema radial sempre são pressionados pela tendência para a consolidação global. Com a fusão das redes de Internet (ou linhas áreas), os grandes *hubs* tornam-se ainda maiores – às vezes com uma perda significativa de eficiência.

Em Minnesota, os engenheiros de rede referem-se a isso como o "problema de Chicago". Dois pequenos provedores de Internet, concorrentes, na Minnesota rural, podem ver-se enviando e recebendo todos os seus dados de e para Chicago, mas comprando capacidade nas vias de um dos maiores *backbones* nacionais, como a Level 3 ou a Verizon. Mas – como acontece com um aeroporto central – a via de menor resistência nem sempre faz muito sentido. No exemplo mais simples, um e-mail da primeira rede à segunda iria a Chicago e voltaria. Visitar o site da Universidade de Minnesota, estando em Minneapolis, envolveria uma viagem digital pelas divisas do estado. Mas se você tiver uma *Internet exchange* local, pode conectar as duas redes (ou mais) diretamente, em geral apenas pelo custo do equipamento. O problema é que o esforço pode não valer a pena, em vista do baixo custo de obter tráfego a Chicago e o baixo volume de tráfego entre as duas redes particulares. Às vezes é mais fácil viajar por Atlanta. Mas se o tráfego local aumentar – e sempre aumenta –, haverá um ponto em que a elegância de interconectar todos eles, literalmente excluindo Chicago do circuito, é indiscutível.

Em lugares que se prendem à Internet por um fio mais estreito esse limiar é atravessado com mais facilidade, e é essencial que o tráfego seja local. Até recentemente, por exemplo, o país central e interior de Ruanda, na África, dependia inteiramente de conexões de Internet por satélite, que eram caras e lentas. Se os poucos ISPs locais não fossem cuidadosos, um e-mail que ia para a capital, Kigali, podia ter de fazer duas viagens de 72 mil quilômetros, de ida e volta ao espaço. Em 2004, foi inaugurada a RwandaIX, para resolver o problema, acelerando o acesso às partes locais da Internet e poupando o alto custo da largura de banda internacional para o tráfego que era de fato internacional. E foi essa mesma ideia que inspirou a criação do que agora é o maior IX do planeta.

Em meados da década de 1990, as redes de Internet de todo o mundo não tinham um "problema de Chicago"; tinham um "problema de Tysons Corner". Todo o tráfego passava pela MAE-East. As dezenas de *Internet exchanges* agora distribuídas pelo mundo servem exatamente a esse propósito. Vão de mamutes, como a JPNAP em Tóquio, que informa números de tráfego impressionantes, mas serve, principalmente, à comunicação dentro do Japão, à decididamente menor Yellowstone Regional Internet Exchange, YRIX, que liga sete redes, em Montana e no Wyoming (curando-as de seu "problema de Denver"). Existem a MIX, em Milão, a SIX, em Seattle, a TORIX, em Toronto, a MadIX, em Madison, no Wisconsin, e – a solução para o problema de Chicago em Minnesota – a MICE, Midwest Internet Cooperative Exchange. A grande maioria das *exchanges* existe fora de vista, em geral como projetos cooperativos secundários para o "bem da Internet" e apesar de seus esforços de expansão, são conhecidas e valorizadas apenas pelos poucos engenheiros de rede que trabalham as rotas entre elas.

Mas as maiores *Internet exchanges* são figuras inteiramente diferentes. Seus participantes não são grupos de engenheiros de rede de espírito público, mas os maiores agentes globais da Internet. São operações grandes e profissionais, com departamentos de marketing e equipes de engenheiros. Os fabricantes de roteadores as bajulam, como fabricantes de material esportivo cortejando os melhores atletas. E são intensamente competitivas, lutando pelo título de "maior do mundo" – em geral descobrindo novas maneiras de medir o porte. Os dois critérios mais utilizados são o volume de tráfego que passa pela *exchange* (no pico em determinado momento, ou na média) e o número de redes conectadas por meio dela. Nos Estados Unidos, as *exchanges* tendem a ser menores, principalmente pelo sucesso que a Equinix tem tido, permitindo que as redes se interconectem diretamente. Já as grandes IX dependem de uma máquina centralizada, ou "matriz de comutação". Todas as três maiores são europeias: a Deutscher Commercial Internet Exchange, ou DE-CIX, em Frankfurt; a Amsterdam Internet Exchange, ou AMS-IX, e a London Internet Exchange, ou LINX. Cada uma delas tem um gráfico de tráfego ao vivo em seu site, junto com um cálculo, em tempo real, de redes integrantes. Em ordem de magnitude, essas três são maiores do que o nível seguinte – com exceção da Moscow Internet Exchange, que se afastou do bando. Vendo as estatísticas de tráfego diariamente, tem-se a sensação de uma corrida de cavalos, com uma delas arrancando durante algumas semanas antes de outra alcançá-la aos gritos de uma torcida invisível. Durante meses acompanhei-as de perto, procurando mudanças ou tendências. E indaguei a engenheiros de rede e observadores do setor sobre quais das *exchanges* eram qualitativamente mais importantes. "Bem, Frankfurt é simplesmente imensa", derreteu-se Alan Maudlin, analista da TeleGeography, sobre a DE-CIX.

"É tanta largura de banda entrando em largura de banda que é impressionante." Mas Amsterdã era a segunda, e é a maior há mais tempo. E Londres, embora informasse números mais baixos, proclamava seus links "privados", que movimentavam grande parte do tráfego da própria *exchange* e para conexões diretas, como em Ashburn.

Mas apesar de quem seria a maior, a ideia desses grandes pontos de *exchange* me espantou. Quando saí em busca da Internet, esperava encontrar um arranjo frouxo, de pequenas peças; tudo devia ser distribuído, amorfo, quase invisível. Não esperava realmente nada tão grandioso e específico, como uma única caixa imensa no "centro" da Internet. Mais me parecia ficção científica. Ou sátira. Mas essas grandes *Internet exchanges* eram exatamente isso – exceto desconhecidas, abaixo do radar e, de certo modo, estranhamente organizadas, aparentemente, desviando-se de algumas capitais mundiais, enquanto colonizavam outras. Sua geografia era peculiar: por que Frankfurt era grande, mas não Paris? Tóquio, e não Pequim? Os alemães passavam mais tempo online do que os franceses? Ou as cidades adotavam padrões geográficos mais fixos? Maudlin observou que a Espanha não é um *hub* e nunca será. "É uma península", disse ele. Geografia era destino, mesmo na Internet. Em especial na Internet.

Mas além de vê-las como analista, medindo seu porte e importância comercial, eu estava curioso sobre sua realidade física. Se a geografia importava tanto quanto parecia, isto implicava que esses lugares trabalhavam em uma escala menor e mais específica – um prédio ou uma caixa. Reconhecer isso era colocar a Internet inteiramente no mundo físico. E depois que eu estava lá, queria ver, tocar, medir sua presença corpórea. *Como* eram essas grandes *Internet exchanges*? Uma caixinha preta de aço com uma única luz? Uma construção gigantesca, como um inseto, sob luzes *klieg*, atrás de arame farpado? Pelo modo como Maudlin falou da

DE-CIX, de Frankfurt, parecia que seu "núcleo" estaria à mostra – o equivalente turístico para a Internet do Grand Canyon, das cataratas do Niágara, ou outra coisa realmente grande, certamente, algo digno de uma travessia do oceano. Era a caixa mais movimentada da Internet. Certamente valia a pena uma análise, se não uns devaneios. O que isso poderia me dizer?

Mas também havia a questão da segurança. Essas grandes *Internet exchanges* me deixavam nervoso. Não seria perigoso que as coisas fossem conectadas desse jeito? Ou, mais especificamente, eu não estaria correndo perigo ao procurá-las – com a intenção de contar a história? Certamente, a existência de pontos de gargalo, como esses, contradizia o pensamento convencional sobre a redundância da Internet. E quanto mais eu pensava nisso, mais paranoico ficava.

Então, logo depois de minha visita a Ashburn, voltando a Nova York de avião, tive o que se pode chamar de um esbarrão com a lei. Ao taxiarmos para o portão, o piloto nos instruiu pelo intercomunicador, sem maiores explicações, a ficar em nossos assentos. Dois detetives da polícia de Nova York, saídos do elenco central de *Law & Order*, com seus ternos largos, marcharam pelo corredor, seguidos por um patrulheiro uniformizado. Todos ficaram atentos, apontando o queixo por cima dos encostos.

Nesse momento, pensei que estivessem atrás de mim. No dia anterior, eu tinha percorrido uma infraestrutura particularmente sensível da Internet, um prédio no centro de Miami, conhecido como o "NAP das Américas". Serve como o Ashburn da América Latina, mas também é reconhecido como uma interconexão fundamental para as comunicações militares – um aspecto que foi sugerido em minha visita. Visitei o prédio com permissão e transparência sobre meu projeto, mas isso não atenua inteiramente minha paranoia. O mapa da Internet em minha cabeça fora preenchido. Seria possível, haveria *alguma* possibilidade de que eu agora soubesse demais, sem nem mesmo saber?

A cada fila que os policiais avançavam para o fundo do avião, aumentavam as probabilidades de que estivessem atrás de mim. Minha mulher e meu filho estavam comigo e o drama rapidamente se desenrolou em minha mente, os clichês plagiados de 100 programas de TV: as algemas, os gritos ("Eu te amo, ligue para meu advogado!"), os braços estendidos. Corta para o comercial.

Mas não era a mim que eles queriam. Era um homem duas filas atrás, de boné dos Mets, moletom cinza e uma mochila de estudante. Ficou em silêncio quando o conduziram para fora do avião. Mas não parecia especialmente surpreso. Parecia já ter visto dias melhores.

Pouco depois eu estava entrevistando dois veteranos construtores de infraestrutura física da Internet nos escritórios da firma de investidores que financiava seu mais recente projeto. Era um lugar luxuoso, bem no alto de Manhattan, com carpetes grossos e pinturas impressionistas nas paredes revestidas de madeira. Eles responderam prontamente a minhas perguntas sobre as partes importantes da Internet, e como sua nova parte se encaixaria nelas. Mas eu devo ter pressionado um pouco demais.

O sócio sênior, com um terno trespassado e lenço de seda no bolso, interrompeu o colega mais loquaz e me fuzilou com os olhos pela mesa de reuniões. "Deixe-me fazer-lhe uma pergunta", disse ele. "Estamos criando neste livro um mapa rodoviário para terroristas? Se identificarmos os 'monumentos', como você se refere, se eles forem conhecidos e danificados ou destruídos, não vai ruir só um prédio, todo o país desabará. Seria sensato divulgar isso ao mundo?" Era uma acusação assustadora. Será que minha pesquisa da infraestrutura física da Internet era perigosa? Haveria uma razão para a Internet ser oculta?

Gaguejei um pouco: não estava tentando prejudicar a Internet! Eu adoro a Internet! Tentei explicar sobre meu imperativo jornalístico, que só tornando as pessoas mais conscientes desses lugares é que haverá recursos para protegê-los adequadamente. Eu acreditava nisso, mas não me pareceu um argumento que servisse aos interesses dele. Devolvi a pergunta a ele. Eu sabia que eles queriam atenção; seria bom para os negócios. Então, o que era mais importante: isso, ou ficar em silêncio, talvez mais do que seus concorrentes? Ele deu de ombros antes de retaliar: "Quer ser o cara que diz: 'Aqui está o que você ataca, para derrubar o país'?" Depois, falou durante mais uma hora.

A verdade é que a pergunta dele pegou. No curso das visitas à Internet, quando eu chegava a um lugar novo, cm geral sentia certo pavor de que minha jornada fosse excêntrica demais para ser palatável, que quem eu encontrasse suspeitaria de motivos ulteriores, que eu era objeto de suspeita. Eu estava fora dos trilhos, xeretando lugares que poucos conheciam. Eu não era tão paranoico a ponto de realmente acreditar que era seguido, mas também, não me sentia inteiramente à vontade. Afinal, o que eu realmente estava fazendo? ("Ah, só contando detalhes sobre sua infraestrutura local crítica ao mundo.")

Mas eu não devia ter me preocupado. Inevitavelmente, quando chegava a um prédio sem placa, fundamental para o funcionamento da Internet, sempre acontecia o mesmo. O véu de segredo não caía, erguia-se. Em vez de andar no escuro, à procura da rede, parecia, em geral, que as luzes tinham acendido e, quanto mais a pessoa soubesse sobre a infraestrutura física da Internet, menos preocupada ficava com sua segurança. Os locais "secretos" de meu interesse não eram assim tão secretos afinal. Quem quer que estivesse encarregado de me acompanhar levava-me satisfeito, e quase sempre passava um tempo a mais para se certificar de que eu compreendia o que via.

Com o tempo, reconheci que a abertura deles não era meramente educada, mas filosófica, atitude derivada em parte do lendário vigor da Internet. As redes bem projetadas têm redundâncias embutidas. Na eventualidade de uma falha em algum ponto, o tráfego rapidamente o contorna, e assim um engenheiro que faz seu trabalho corretamente não precisa se preocupar. Com mais frequência, a maior ameaça à Internet é uma escavadeira errante ou, em um caso recentemente divulgado, uma avó de 75 anos, no interior da Geórgia, cortando um cabo de fibra óptica com uma pá, interrompendo as conexões na Armênia durante 20 horas.

Entretanto, acima e além dessas preocupações práticas (ou da falta delas), havia um argumento mais filosófico: a Internet é profundamente *pública*. Tem de ser. Se fosse oculta, como saberiam as redes onde se conectar? A Equinix, em Ashburn, por exemplo, é inequivocamente um dos mais importantes *hubs* de rede do mundo – como a própria Equinix será a primeira a lhe dizer. (E se você entrar com "Equinix, Ashburn" no Google Maps, uma simpática bandeira vermelha marcará o meio do terreno.) Com a exceção de alguns países totalitários, uma rede não se submete a nenhuma autoridade central para se conectar a outra rede; só precisa convencer essa rede de que vale a pena. Ou, ainda mais fácil, pagar à rede. A Internet tem o caráter de um bazar, com centenas de agentes independentes circulando de um a outro, resolvendo as coisas entre eles. Essa dinâmica está fisicamente em operação em prédios como o da PAIX, em Ashburn, e em outros. Está em operação geograficamente, quando as redes se movem para complementar a força regional de outra rede. E está em operação socialmente, quando os engenheiros de rede dividem o pão e tomam uma cerveja.

Quando está sentado diante de sua tela, o caminho pelo qual todos chegam até você é inteiramente obscuro. Podemos perceber que uma página carrega mais rapidamente do que outra, ou que um *streaming* de filme de um site sempre parece melhor do que o de outro – resultado, muito provavelmente, de alguns saltos entre a origem e nós. Às vezes isso é evidente; lembro-me de planejar uma viagem ao Japão, esperando, enquanto as páginas de viagem locais carregavam como melado. Em outras vezes, era preciso um esforço a mais de compreensão; num papo em vídeo com uma amiga de outra cidade, eu só notei que a qualidade era boa quando me lembrei de que tínhamos o mesmo provedor de Internet. O fluxo de dados nunca precisava deixar a rede. Mas, de modo geral, quando entramos com um endereço em nosso navegador, um e-mail chega à nossa caixa de entrada, ou uma mensagem instantânea pisca na tela, não há pistas do caminho que percorreram para chegar ali, que distância viajaram, ou quanto tempo transcorreu. De fora, a Internet parece não ter estrutura, não ter textura; com raras exceções, não há "clima" – as condições não mudam de um dia para o outro.

Mas, vista de dentro, a Internet é feita a mão, um link de cada vez. E está sempre em expansão. O crescimento constante do tráfego da Internet requer o crescimento constante da Internet, em si, os dois na espessura de seus canos e ao alcance geográfico de cada rede. Para os engenheiros, isso significa uma rede que não se ocupa em nascer, está ocupada em morrer. Como disse Eric Troyer sobre Ashburn, "O objetivo de vir a lugares como o nosso é criar o maior número de vetores que você puder para a Internet lógica. Quanto mais vetores, mais confiável a sua rede – e em geral, mais barato fica, porque você tem mais maneiras de enviar seu tráfego".

Assim, a Internet é pública *porque* é artesanal. Os novos links não acontecem simplesmente segundo algum algoritmo automático, precisam ser criados: acertados por dois engenheiros de rede, depois ativados por uma via física distinta. É difícil que isso aconteça em segredo.

Fazer essas conexões entre redes é conhecido como peering. Para falar com mais simplicidade, o *peering* é o acordo para interconectar duas redes – mas isso é o mesmo que dizer que "política" é atividade apenas do governo. O *peering* implica que as duas redes envolvidas sejam *peers*, "pares", no sentido de que tenham o mesmo porte e status, e portanto que troquem dados em termos mais ou menos equiparados, sem que o dinheiro troque de mãos. Mas imaginar quem é seu *peer* é um negócio complicado, em qualquer contexto. Dentro da Internet fica mais complicado quando o *peering* também pode significar "*peering* pago" – quando se acrescenta algo com um valor mais certo do que os dados, desequilibrando a balança para um dos lados. Em suas sutilezas e nuances, o *peering* tem um caráter talmúdico, com um corpo de leis e precedentes ostensivamente públicos, mas que requerem anos de estudos para sua correta compreensão. As consequências são imensas. O *peering* permite que a informação flua livremente pela Internet – e com isso quero dizer tanto livremente como a baixo custo. Sem o *peering*, os vídeos online entupiriam os canos da Internet – o YouTube não poderia mais ser gratuito. E os provedores de serviço aceitariam uma confiabilidade menor, em nome de custos mais baixos. A Internet seria mais frágil e mais cara. Considerados esses riscos, em nenhum lugar o processo de *Internet working* é mais intenso e mais carregado de drama do que entre os engenheiros de rede, livremente conhecidos como "a comunidade do *peering*".

Fui observá-los em primeira mão em uma das reuniões trianuais do North American Network Operators' Group, ou NANOG, no hotel Hilton, em Austin, Texas. Quando cheguei, o saguão estava cheio de homens de jeans e pele de ovelha, conversando em voz baixa, por cima de laptops enfeitados de adesivos. Esses são os magos por trás das cortinas da Internet – embora "encanadores" possa ser uma analogia igualmente boa. Mas eles parecem mesmo mágicos. Coletivamente, comandam um sistema nervoso global de capacidades impressionantes, mesmo que, na maior parte do tempo, suas operações diárias sejam banais. Mas quer sejam banais ou não, sem dúvida somos tremendamente dependentes da massa de conhecimento altamente especializado que eles possuem. Quando as coisas dão errado, no meio da noite, nos maiores tubos da Internet, só o pessoal do NANOG sabe como consertar. (E é uma piada velha, na conferência, que se uma bomba for largada entre eles, quem sobraria para tocar a Internet?) Eles não são burocratas ou vendedores, agentes políticos ou inventores. São operadores, mantendo o fluxo do tráfego a favor de seus chefes corporativos. E em nome uns dos outros. A característica que define a Internet é que nenhuma rede é uma ilha. Mesmo o melhor engenheiro é inútil sem o engenheiro que cuida da rede seguinte. De acordo com isso, as pessoas não vão ao NANOG para apresentações formais. Vão para oportunidades de trabalho em rede – e "trabalho em rede" não como figura de linguagem. Na conferência a que compareci, trocaram muitos cartões de apresentação, mas também rotas de Internet. Uma reunião do NANOG é a manifestação humana dos links lógicos da Internet. Existe para sedimentar os laços sociais que sublinham os laços técnicos da Internet – um processo químico auxiliado por muita largura de banda e cerveja.

O típico membro do NANOG terá a descrição de cargo de "engenheiro" seguida de alguns qualificativos, como "de dados" "de tráfego", "de rede", "de Internet" ou, de vez em quando, "de vendas". Ele – nove entre 10 dos presentes em Austin eram homens – pode gerir a Internetwork em um dos maiores e mais familiares fornecedores de conteúdo da Internet, como o Google, Yahoo!, Netflix, Microsoft ou Facebook; um dos maiores donos de redes físicas da Internet, como a Comcast, Verizon, AT&T, Level 3 ou Tata; ou uma das empresas que servem ao funcionamento interno da Internet, de fabricantes de equipamento, como a Cisco ou a Brocade, a fabricantes de celulares, como a Research in Motion e delegados voluntários da ARIN, o corpo governamental contencioso da Internet, como as Nações Unidas. Jay Adelson era presença certa no NANOG, até deixar a Equinix, e Eric Troyer raras vezes perde uma reunião. Steve Feldman – o cara que construiu a MAE-East – era o presidente do comitê gestor do NANOG.

Para a maioria de nós, uma determinada jornada de bits na Internet é opaca e instantânea, mas para um membro do NANOG, é familiar como uma caminhada ao mercadinho. Pelo menos em sua vizinhança da Internet ele conhecerá cada link do caminho. Ele pode, invariavelmente, fazer um diagrama dos links lógicos e, com toda probabilidade, retratar os links físicos. Pode mesmo ter instalado os roteadores, configurando-os (talvez até tirando-os de suas embalagens originais), ordenando os circuitos corretos de longa distância (se não mostrando onde devem ser cavados, no chão) e refinando continuamente os fluxos de tráfego. Martin Levy, um "tecnólogo da Internet" da Hurricane Electric, que administra uma rede *backbone* internacional de bom tamanho, mantém um álbum de fotos de roteadores em seu laptop, junto com fotos do filho. Essas são as pessoas que têm os melhores mapas mentais da Internet, aquelas que internalizaram sua estrutura mais do que todos os outros. E também são eles que sabem que seu funcionamento correto – cada movimento que você faz online – depende de um caminho claro e aberto, por toda a Internet, de uma ponta a outra.

O pessoal do *peering* se dividia em dois campos: os que procuravam novas redes para conectar às suas; e os donos de instalações e os operadores de *Internet exchanges*, que competem para hospedar aquelas conexões físicas em seus prédios. Os mais poderosos dos dois grupos tendem a ser mais extrovertidos, circulando durante os intervalos para o café, batendo mãos e entregando cartões de apresentação. Eles se vestiam melhor e se gabavam de aguentar o álcool. Considere, por exemplo, o link de *peering* entre o Google e a Comcast, a maior empresa de cabo dos EUA. Pois os vídeos do YouTube, os e-mails do Gmail e as pesquisas do Google dos 14 milhões de clientes da Comcast usariam, sempre que possível, o link direto entre as redes da empresa, evitando qualquer terceiro provedor de "trânsito". Fisicamente, esse link Comcast-Google seria repetido algumas vezes, em lugares como Ashburn e a PAIX (e nesses dois especificamente). Mas, socialmente, a ligação é visível no relacionamento entre os coordenadores de *peering* Ren Provo, da Comcast, e Sylvie LaPerrière, do Google – duas das poucas mulheres na conferência. Provo, cujo título oficial é "analista principal de relações de interconexão", andava pela multidão do NANOG com sua camisa de boliche da Comcast, perguntando sobre as famílias e gritando piadas pela sala. O marido, Joe, também é engenheiro de rede, e de alta posição na burocracia de voluntários do NANOG, fazendo dos Provo o casal mais importante e extraoficial da conferência; muitos membros do NANOG falam ternamente do fim de semana de seu casamento. LaPerrière é uma encantadora franco-canadense, cujo cartão de apresentação diz "Gerente de Programas". Ela parece ser adorada por todos, embora isto se mescle com certo medo de seu poder. Se você administra uma rede, quer ter bons links com o Google – assim, seus clientes não reclamam que os vídeos no YouTube estão falhando. LaPerrière facilita isso para eles. A maior parte de seu trabalho é dizer sim a todos que a procuram, uma vez que esses bons links são também do interesse do Google. A política de *peering* deles é "aberta"; no jargão machão do NANOG, isso torna LaPerrière uma "galinha do *peering*" (e se ela fosse um homem, teria o mesmo apelido). Não surpreende que LaPerrière e Provo sejam boas amigas, e eu sempre as vi juntas pelos corredores do hotel. Seu relacionamento ajuda a facilitar o caminho por um campo minado, tecnicamente complexo e financeiramente tomado de variáveis.

"Dá para perceber se seu amigo está dizendo a verdade ou não", explicou-me LaPerrière, antes de acrescentar, rapidamente, que a amizade tem seus limites. "A longo prazo, você só terá sucesso se representar realmente sua empresa, e deixar bem claro que essa é a política de sua empresa, e não a 'política de Sylvie'", disse ela. "Amizade, para mim, não é atuação. Apenas torna as interações melhores." Mas seus protestos só melhoram o argumento: uma conexão entre redes é um relacionamento.

E o *peering* pode ficar desagradável. De vez em quando, uma rede importante se tornará "anti-*peer*", puxando, literalmente, a tomada da conexão e se recusando a transmitir o tráfego de seu oponente, em geral depois de não conseguir convencer a outra rede de que deve pagar a eles. Em um famoso episódio de *depeering*, em 2008, a Sprint interrompeu o *peering* com a Cogent durante três dias. Como consequência, 3,3% dos endereços de Internet globais se "particionaram", o que significa que foram cortados do restante da Internet, segundo uma análise da Renesys, empresa que rastreava o fluxo de tráfego na Internet, mais a política e a economia das conexões. Qualquer rede que estivesse exclusivamente por trás da Sprint ou da Cogent – o que quer dizer que dependia da outra rede para chegar ao restante da Internet – foi incapaz de atingir qualquer rede que estivesse exclusivamente por trás da outra. Entre os "cativos" por trás da Sprint mais conhecidos estavam o Departamento de Justiça dos EUA, o Commonwealth de Massachusetts e o Northrop Grumman; por trás da Cogent estavam a NASA, a ING Canadá e o sistema Judiciário de Nova York. E-mails entre os dois campos não podiam ser entregues. Seus sites apareciam indisponíveis, a conexão incapaz de se estabelecer. A web tinha se espatifado.

Para a Renesys, que ganha a vida medindo a quantidade de endereços na Internet que cada rede controla, e consultando a bola de cristal para ver sua qualidade, um "evento de *depeering*" como esse é um momento maravilhoso, como as luzes sendo acesas em uma boate. As relações são reveladas. A topografia da Internet é inerentemente pública, ou não funcionaria – como os bits saberiam para onde ir? Mas os termos financeiros que sustentam cada conexão são obscuros – como um endereço físico de escritório é público, enquanto os detalhes de seu aluguel são privados. A lição que a Renesys estava vendendo com sua análise era de que qualquer um que levasse a Internet a sério devia ser "inteligentemente multiabrigado". Isto é: não coloque todos os seus ovos numa cesta só. O credo dos engenheiros de rede é "Não quebre a Internet". Mas como explicou Jim Cowie, da Renesys, essa cooperação só existe até certo ponto. "Quando atinge um nível de seriedade, as pessoas ficam muito caladas. Há muito dinheiro e exposição legal em risco."

Tradicionalmente, o *peering* tem sido dominado por um clube exclusivo, composto pelos maiores *backbones* da Internet, conhecidos em geral como operadoras "Tier-1". Na definição mais estrita, as redes Tier-1 não pagam por conexão a nenhuma outra rede; são os outros que pagam a elas. Uma rede Tier-1 tem clientes e *peers*, mas não "provedores". O que resulta disso é uma panelinha de gigantes estritamente interconectados, em geral mencionada aos cochichos como uma "quadrilha". A Renesys rastreia as relações entre eles "lendo as sombras na parede", como coloca Cowie, criadas pelas rotas que cada rede transmite à tabela de roteamento da Internet – os sinais que dizem "este website, por aqui!". Mas como os acordos exatos entre as redes são privados, mesmo que as rotas sejam públicas, pode ser complicado preparar a lista precisa de provedores Tier-1. Em 2010, a Renesys identificou 13 empresas no topo da pilha e quatro na posição máxima: a Level 3, a Global Crossing, a Sprint e a NTT. Mas em 2011, a Level 3 comprou a Global Crossing, em um negócio avaliado em 3 bilhões de dólares – então, elas eram três.

Mas o *peering* vem evoluindo nos últimos anos. Com o crescimento da Internet, a prática tem se tornado cada vez mais distribuída. Passou a ser mais eficaz em custos para as redes menores formarem *peering* entre si, em parte porque as redes muito menores se tornaram bem grandes. E embora o *peering* costumasse ser mais comum entre redes regionais (como aqueles caras em Minnesota), agora é mais frequentemente visto em uma escala global. Esses novos participantes do *peering* são diferentes, porque não são primariamente "operadoras", o que quer dizer que não estão no negócio de transportar o tráfego dos outros, estão muito preocupados com seu próprio tráfego. É como a versão da Internet de uma universidade ou empresa, operando um ônibus *intercampi*, em vez de depender de transporte público – ou empresas imensas, que farão o mesmo com um avião particular entre cidades. Quando existe tráfego suficiente entre dois pontos, vale a pena você mesmo movimentá-lo.

Eles incluem alguns dos nomes mais conhecidos da Internet, inclusive Facebook e Google. Nos últimos anos, ambos dedicaram recursos enormes à construção de suas redes globais, em geral sem instalar novos cabos de fibra óptica (embora o Google tenha feito parceria com uma construtora de um novo cabo sob o Pacífico), mas alugando uma quantidade significativa de largura de banda, dentro de cabos existentes, ou comprando fibras individuais. Nesse sentido, uma rede como a do Google ou do Facebook seria logicamente independente, em escala global: cada uma delas tem suas próprias vias privadas, viajando em canos físicos existentes. A vantagem crucial disso é que elas podem armazenar seus dados onde quiserem – principalmente no Oregon e na Carolina do Norte, no caso do Facebook – e usar suas próprias redes para movimentá-los livremente nessas vias privadas, em paralelo com a Internet pública.

Suas redes são orientadas diretamente a *Internet exchanges* (não a sua casa) – uma arquitetura que só aumenta a importância da *exchange*. Se você vai se dar ao trabalho de construir sua própria rede, precisa ter aonde ir: bons nós de distribuição regional. Uma rede se conectará diretamente com um lugar como Ashburn, onde seu dono pendurará uma placa, anunciando sua disposição de interconectar com outras redes. Em alguns casos, é realmente uma placa impressa pendurada do lado de fora de uma gaiola, para chamar a atenção de engenheiros de rede em visita. Com mais frequência é uma placa virtual: uma lista em um website chamado PeeringDB, ou apenas uma página de informações sua, como tem o Facebook.

O Facebook.com/peering não fica por trás de nenhuma senha, nem dentro de banco de dados proprietário. É aberto – tão exposto quanto as fotos de férias de seu primo. Um breve parágrafo, no alto, descreve o Facebook (para qualquer coordenador de *peering* de Marte, supõe-se): "O Facebook é uma rede social que reúne pessoas a seus amigos e àqueles com quem trabalham, estudam e convivem." Depois, entra no *modus operandi* do *peering* da empresa: "Temos uma política de *peering* aberta e receptiva a oportunidades de envolvimento em *peering*, com qualquer representante autônomo de roteamento de sistemas, sem uma tentativa de melhorar a experiência de nossos milhões de usuários em todo o globo." Ser um "representante de roteamento de sistemas autônomo" significa que você sabe configurar um grande roteador de Internet e pode consertá-lo rapidamente se der defeito. Sua "política de *peering* aberta" torna o Facebook uma clássica "puta de *peering*", feliz em se conectar com todos os que a procuram. E então, há uma tabela que mostra *onde* você pode se conectar, listando 16 cidades no mundo, a *Internet exchange* dessas cidades, o endereço de IP (como o código postal de Internet) e a capacidade da "porta" no local.

Na primeira vez que vi a lista do Facebook – durante um intervalo no NANOG –, meus olhos se arregalaram. Durante meses, estive falando com engenheiros de rede e donos de instalações, indagando sobre os lugares mais importantes da Internet, estimulando-os a avaliar onde, exatamente, procurar pela Internet. E ali estava, escancarado ao mundo, o que era exatamente, – pelo menos segundo o Facebook (o segundo website mais visitado do mundo depois do Google).

O Facebook não está no negócio de fornecer páginas do Facebook a casas, escritórios ou celulares pessoais; depende de outras redes para fazer isso. Essa página disse que se você administra uma daquelas redes, e se você for seu "representante", o Facebook se conectará com você, tanto diretamente (roteador plugado em roteador, como na PAIX ou em Ashburn) quanto por *switch* central (numa *Internet exchange*). A posição do Facebook é quanto mais conexões, melhor, o que torna essa informação pública, do mesmo jeito que a American Airlines lhe diz com muito gosto para onde voa. Assim, se você é um pequeno ISP em, digamos, Harrisburg, na Pensilvânia, percebeu que uma porcentagem significativa de seu tráfego vem do Facebook, e construiu sua rede orientada a Ashburn, de qualquer maneira você consideraria fortemente perguntar se pode se conectar diretamente. O coordenador de *peering* do Facebook, provavelmente, dirá sim, e seus clientes perceberão que o Facebook carrega mais rápido do que quase qualquer outra coisa.

Entretanto, o mais revelador na lista de *peering* do Facebook é o fato de ser pequena. As capitais globais não surpreendem: Nova York, Los Angeles, Amsterdã (na AMS-IX), Frankfurt (na DE-CIX), Londres (na LINX), Hong Kong e Cingapura. Quanto às grandes cidades americanas – Chicago, Dallas, Miami e San Jose – também são esperadas por uma empresa americana. Mas as pequenas cidades americanas colocam em relevo a geografia única da Internet. Onde mais Ashburn, na Virgínia, estaria na mesma lista de Londres e Hong Kong? Ou Palo Alto? Vienna, na Virgínia (também na lista) é vizinha de Tysons Corner, que (por ora) ainda tem força gravitacional suficiente para atrair uma multidão. Está claro que a geografia desses prédios pode ser compreendida, em parte, numa escala global: a Internet segue seus usuários – o que significa todos nós – até onde vivemos. Mas também fica claro que se você der um zoom no mapa, essas forças maiores se dissolvem e são substituídas por decisões *ad hoc* de um pequeno número de engenheiros de rede, cada um deles buscando pelos lugares, técnica e economicamente, mais eficientes para se conectar. Palo Alto ou San Jose? Ashburn ou Vienna, na Virgínia? A questão do *peering* é que influencia os dois lados: as redes querem estar em lugares onde existam muitas redes. As decisões de locais do Facebook são assim, tanto uma resposta ao crescimento de um determinado local como uma semente para futuro crescimento. Ou talvez sejam apenas as luzes azuis da Equinix. Ou a cerveja de Amsterdã. Ou as duas coisas.

A conversa sobre *peering* veio à mente no último dia da reunião do NANOG em Austin, em uma sessão listada, um tanto enigmaticamente, na agenda como "Trilha do *Peering*". Seu horário, tão tarde, era deliberado, por ser quando os engenheiros de rede bebem como estudantes numa tarde de sexta-feira. Dentro da sala de reuniões, as cadeiras foram arrumadas em roda, ostensivamente, para facilitar a discussão, porém, ao que ficou parecendo, mais para criar uma atmosfera de gladiadores. Isso era encontro-relâmpago de *peering*: as *Internet exchanges* anunciavam seu tamanho e perícia, e os coordenadores de *peering* anunciavam-se uns aos outros. Chamavam isso de "*peering* pessoal". Uma apresentação bem-sucedida, na frente dessa turma, podia levar a uma conversa e a uma nova rota depois disso. Talvez você administre um data center no Texas, mas por acaso tem um grande site dinamarquês como cliente. O *peering* com um ISP dinamarquês podia levar muito tráfego para suas mãos – o suficiente para valer a pena reunir-se com o ISP em Ashburn. Era exatamente isso que Nina Bargisen, uma engenheira de rede da TDC, a empresa telefônica dinamarquesa, tinha em mente quando fez este simples apelo: "Eu tenho *eyeballs eyeballs eyeballs*", disse ela. "Todos que tenham conteúdo, por favor, mandem-me um e-mail."

Dave McGaugh, engenheiro de rede da Amazon, fez o que pôde para dispersar as expectativas dos colegas de que suas taxas de tráfego eram torcidas em seu favor. "Temos distribuição pesada, mas não ao ponto que as pessoas esperam", argumentou. Will Lawton, representante do Facebook, era compreensivelmente agressivo em sua oferta; o Facebook, afinal, tinha muitas notícias a dar. A "taxa de saída para entrar", típica do Facebook, era de 2:1, disse ele, garantindo a qualquer cético que aceitaria grande parte de seu tráfego (como *upload* de fotos) para cada bit que ele enviasse de volta (as fotos vistas). Do outro lado do painel, a mensagem dos coordenadores de *peering* era "forme *peering comigo*".

A mensagem das *exchanges* era "forme *peering em mim*", faça esse link físico na minha cidade – faça de minha casa a sua. A concorrência era intensa, especialmente entre os maiores. O público se calou enquanto seguidas apresentações das *exchanges* de Londres, Amsterdã e Frankfurt destacavam seu crescimento recente, diziam alguma coisa sobre sua infraestrutura robusta e terminavam defendendo a importância de seu lugar nos mundos físico e lógico. As *exchanges* menores as seguiam, restando apenas a vantagem comparativa de sua geografia no mundo real – sua capacidade de resolver o "problema de Chicago" particular de cada rede. Como propôs Kris Foster, representante da TORIX, de Toronto, "se você tem rotas de fibra de Nova York a Chicago, passando por Toronto, talvez deva pensar em parar". Não era uma sugestão ruim. Podia tornar sua rede mais eficiente, mas no mínimo era um jeito de ser "multiabrigado", um remédio para a fragmentação.

Mas, na maior parte, a atração gravitacional das maiores *exchanges* foi forte o suficiente para superar essa diversidade geográfica. O efeito de rede foi incontestável: mais redes concentradas, desproporcionalmente, em menos lugares. O resultado foi um hiato evidente entre as *exchanges* de Internet de porte médio e os mamutes. "Lugares como a AMS-IX e a LINX são o paraíso dos engenheiros de roteamento", explicou Cowie, da Renesys. "Existem centenas de organizações que lhes imploram, 'Por favor, olhem meus roteadores, analisem-me!'" Isso é irresistível para o membro do NANOG. As grandes *exchanges* tornam-se maiores, e é provável que continuem assim, crescendo, em proporção às outras. Elas facilitaram um pouco o meu trabalho: naquele momento, o mapa da Internet era fixo. Meu itinerário era claro. Se eu quisesse ver essas caixas singulares no centro da Internet, então era para Frankfurt, Amsterdã e Londres que devia ir. O que eu ainda não sabia era como eles podiam ser diferentes. Ou se aceitavam visitantes.

Naquela noite, a Equinix patrocinou uma festa em uma boate de Austin com uma imensa cobertura. Um grande "E" foi projetado na pista de dança, e uma mulher à porta distribuía chaveiros da Equinix no formato de guitarra, em homenagem à cena musical mais famosa da cidade. Não era extravagante, mas era a maior festa da noite de encerramento, com bebidas grátis suficientes para garantir que ninguém no NANOG faltasse. Para a Equinix, dar a festa era moleza. Os cento e poucos operadores de rede que se reuniam para beber cerveja representam uma rede cada um, e era mais provável que fossem clientes da Equinix – até mesmo várias vezes – do que não o fossem. Ainda melhor, se dois engenheiros de rede se encontrassem nessa festa, e decidissem formar *peering*, a decisão seria consumada com uma "interconexão", um cabo, de uma gaiola a outra – o que significava receita recorrente para a Equinix. Os chaveiros eram o mínimo que ela podia fazer.

Eu tenho minha própria pauta. Não tenho uma rede (a não ser a empoeirada, atrás do sofá), mas uma imagem de todas as redes, um imenso mapa imaginário, que preencho constantemente. Durante o período de *peering*, a apresentação da AMS-IX foi feita por uma jovem engenheira alemã com cabeleira ruiva. Seu chefe, um holandês jovial e um tanto gorducho de nome Job Witteman, ficou olhando em silêncio, de lado, parecendo um pouco o Poderoso Chefão, recostado em sua cadeira. Ele era o cara com quem eu queria conversar. O NANOG atrai uma turma inteligente, com opiniões fortes, nem sempre expressas com elegância. A sessão de perguntas e respostas é, quase sempre, contenciosa. Não é incomum haver disputas aos gritos. (O tom constrangidamente combativo da sessão de *peering* pretendia neutralizar parte disso.) Mas Witteman dava a impressão de estar acima de todo o drama, um estadista idoso, com a cabeça para fora da refrega. Nem parecia um engenheiro. "Nunca toquei num roteador na vida!", gritou ele, mais alto do que a música, quando perguntei na festa. "Sei ligar um computador, só isso. Sei o que um roteador pode fazer e como ele funciona, mas não me peça para tocar nele. É para isso que servem as outras pessoas." Ele administra uma das maiores *exchanges* da Internet, mas sempre evitou aprender as minúcias das redes. A estratégia funcionou; era menos uma coisa para discutir – e a AMS-IX era famosa por sua competência técnica. Witteman esboçou a história para mim. Como muitas *exchanges*, foi fundada em meados da década de 1990, como desdobramento das primeiras redes de computadores acadêmicos de seu país. Mas, ao contrário da maioria, foi rapidamente profissionalizada. Em vez de deixar que voluntários lidassem com o suporte técnico, a AMS-IX tratou a tarefa, desde o início, com a mesma precisão e igual planejamento com que os holandeses cuidam de tudo. "O propósito de se construir uma empresa, na época, era *tornar-se* profissional", disse Witteman. "Não queríamos que fosse assim, 'quem está no comando hoje'?"

Desde o início, ele usou uma abordagem igualmente holandesa para criar um mercado. Enquanto a AMS-IX livrava-se da capa dos departamentos de ciência da computação, seu espírito tornou-se intensamente comercial – mas comunitário. "Está em algum lugar, nos genes dos holandeses. Somos bons em organizações comerciais, em trocas – como bulbos de tulipas e o que for. Não precisamos comprar e vender, mas gostamos de criar o mercado", disse Witteman. Um mercado muito aberto. Na AMS-IX, como nas ruas de Amsterdã, pode-se fazer o que se quiser – desde que não incomode os outros. "Sempre fomos a empresa onde dizemos: 'Esta é nossa plataforma, você paga por ela, o tamanho de sua porta determina a quantidade de tráfego que você pode fazer fluir pela *exchange*, mas nós não olhamos, não nos importamos, não damos a mínima.'" Isso me parece a pura expressão do caráter público da Internet, esse grupo interconectado de redes autônomas, que ficam por conta própria em um ambiente administrado com atenção. Também lembrou as ideias fundadoras da Internet, vagamente californianas, de viver e deixar viver, "ser conservador no que envia, e liberal no que recebe". Até certo ponto, isso vale não só para a AMS-IX, mas para todas as *Internet exchanges*.

Era uma abertura que tinha seus riscos. Há pouca dúvida de que as pragas da Internet – entre elas a pornografia infantil – cruzam a AMS-IX e outras. Mas Witteman era inflexível sobre o fato de que não lhe cabia evitar isso, assim como os Correios não são responsáveis pelo que transportam. Quando a polícia holandesa pediu, uma vez, para instalar equipamento de escuta, Witteman explicou cuidadosamente que não era possível – mas eles podiam se tornar membros da *exchange*, se quisessem, e *peer* individualmente com os ISPs lhes cabia policiar. "Agora, eles estão pagando por sua porta, e todo mundo está feliz", disse Witteman, tomando um gole da bebida e erguendo as sobrancelhas.

Enquanto conversamos, um homem alto, com barba bem aparada e cabelo espigado, se junta a nós, dedilhando, decidido, o smartphone, enquanto espera por uma pausa na conversa. Quando ela aparece, ele vira a telinha para Witteman e meneia a cabeça com uma falsa surpresa. "Oito*centos*", disse ele. Witteman respondeu com os olhos arregalados, como se tivesse emoções confusas. O homem alto era Frank Orlowski, contraparte de Witteman na DE-CIX em Frankfurt. Ele quis dizer oitocentos gigabits por segundo, o pico de tráfego de sua *exchange* naquela tarde, outro recorde. Mais do que Amsterdã. Dez vezes mais do que Toronto.

Claramente, a competição entre essas grandes *exchanges* era, pelo menos, um pouco pessoal. Orlowski e Witteman estão no circuito juntos – às vezes conspiram juntos, e são, com frequência, concorrentes amistosos. Os dois atravessaram o Atlântico até o Texas, tendo caminhos cruzados algumas semanas antes em um evento semelhante na Europa. Witteman, sem dúvida, tinha inveja do crescimento da DE-CIX, mas estava igualmente orgulhoso e surpreso pelo filho deles – quero dizer, a Internet em si e as *exchanges* que ficam em seu centro – ter crescido tanto. Enquanto os ouvia, adorei a intimidade que a infraestrutura da Internet parecia ter, o modo como as pesquisas e mensagens de todo um hemisfério podiam ser compreendidas, no tinir de garrafas de cerveja num bar do Texas. Os laços sociais que atavam as redes físicas eram visíveis, não só entre Witteman e Orlowski, mas em toda a turma da festa. Não posso dizer que fiquei surpreso que a Internet fosse administrada por magos – tinha de ser administrada por *alguém*. Mas fiquei surpreso ao ver como eram poucos.

Mas e os lugares, os componentes físicos, o chão duro? Seria a Internet tão concentrada – como parecia, durante a sessão de *peering* –, ou era como o bar naquela noite? No NANOG, os engenheiros se concentravam em algumas cidades, com uma hierarquia clara. Seria essa a geografia da Internet? Frankfurt e Amsterdã ficavam à mesma distância de Boston e Nova York (que não é muita); Witteman e Orlowski administravam operações igualmente profissionais. Os dois fizeram o esforço de se encontrar aqui, a milhares de quilômetros de sua terra natal, estimulando engenheiros a formar *peering* em suas *exchanges*. O que fazia um engenheiro de rede escolher um e não o outro? Seria eu capaz de dizer a diferença entre os dois lugares?

Essas grandes *exchanges* pareciam um destilado da essência da Internet: pontos únicos de conexão que incitam novas conexões, como um furacão adquirindo potência no mar. Eu queria ser tranquilizado de que, ainda que a Internet tomasse lugares de menor relevância, os seus próprios lugares ainda importavam – e com isso, talvez, todo o mundo corpóreo em volta de mim. Vim ao NANOG para conhecer as pessoas que administravam as redes individualmente, e que administravam coletivamente a Internet. Mas o que eu queria ver eram os lugares onde eles se encontravam, para me aproximar, de alguma forma, da compreensão da geografia física da minha vida virtual. As partes da Internet de Witteman e Orlowski estavam inerentemente arraigadas em seus lugares – tão distintas como suas identidades nacionais. Aonde todos esses fios levavam? O que havia realmente para se ver?

Contei a Witteman e Orlowski sobre minha viagem, antes de levantar o que esperava que fosse a questão óbvia: poderia eu ver com meus próprios olhos? "Não temos segredos", disse Witteman, olhando por dentro do casaco, como um personagem de animação, para destacar seu argumento. "Quando quiser, vá a Amsterdã."

Orlowski nos olhou e assentiu, concordando. Eu também era bem-vindo em Frankfurt. Brindamos com nossas cervejas da Equinix.

Cheguei à Alemanha no último dia de inverno em que o céu cinzento combinava perfeitamente com as torres de aço ao lado do rio Meno. Passei uma tarde de sábado com jet lag, explorando o centro tranquilo de Frankfurt. Na catedral, vi a capela lateral em que os reis do Sacro Império Romano se reuniram para escolher um imperador. Daquele único ambiente a notícia era enviada para toda a Terra. Perto dali uma paisagem mais contemporânea: a grande estátua amarela e azul de um símbolo do euro, famosa como o pano de fundo de novos relatórios sobre o Banco Central Europeu. A capela e o euro sugeriam o espírito particular deste lugar: Frankfurt sempre foi uma cidade-mercado e um eixo de comunicações, uma cidade severamente arrogante.

Naquela noite, jantei em um restaurante de 100 anos, com um amigo, arquiteto e natural de Frankfurt. Comendo carne com o tradicional molho verde e bebendo cerveja pilsen, pressionei-o a me ajudar a entender a cidade, e como sua parte da Internet se encaixava no todo. Mas ele teve escrúpulos. Frankfurt não é um lugar dado a aforismos românticos. Carece de hinos próprios e poemas atmosféricos. Não costuma aparecer nos filmes. Entre seus filhos mais famosos estão a família Rothschild, a grande dinastia judaico-germânica de banqueiros (cujo sucesso, adequadamente, veio após se espalhar estrategicamente pelo mundo – usando pombos-correio para a comunicação rápida de longa distância) e Goethe (apesar dele odiar a cidade). Entre as maiores contribuições da cidade à cultura do século XX está a "cozinha de Frankfurt", um projeto de cozinha de caráter sumamente utilitário, mesmo para os padrões do Bauhaus (fica na coleção do Museu de Arte Moderna). No máximo, Frankfurt é mais conhecida como um lugar de feiras de negócios (um papel que vem desempenhando desde o século XII), como a Buchmesse para os livros e a Automobil-Ausstellung para os carros, e por seu grande aeroporto, entre os maiores da Europa. Então não fiquei inteiramente surpreso quando meu amigo, por fim, chegou a uma observação simples e ressonante: Frankfurt era uma cidade transiente, um lugar onde as pessoas faziam negócios e iam embora. Apesar de seus 5 milhões de habitantes, Frankfurt não era verdadeiramente um lugar para se viver. E isso se mostraria válido para os bits, também.

Na manhã seguinte, fui aos escritórios da DE-CIX, em um prédio novo, de vidro e aço preto, que dava para o Meno, em um bairro estiloso, de lojas de design e empresas de mídia, mais perto das docas de embarque do que dos bancos. Os engenheiros de rede da DE-CIX trabalhavam em uma sala aberta nos fundos, suas mesas colocadas em meio a quadros brancos sobre rodas, espalhadas intencionalmente como os transportadores de bagagem em uma pista de aeroporto. Mas esse era apenas o lar administrativo da DE-CIX. O "*switch* central" – o coração pulsante da *exchange*, a grande caixa preta através da qual fluía um tráfego de 800 gigabits por segundo – ficava a alguns quilômetros dali, e seu backup era equidistante, na direção oposta. Prestamos nossos respeitos depois do almoço.

Primeiro, sentei-me com Arnold Nipper, fundador da DE-CIX, diretor de tecnologia e, de certo modo, pai da Internet alemã. Sua aparência correspondia ao papel, vestido como um estimado professor de ciência da computação, de camisa social e jeans, seu smartphone e a chave do BMW colocados na mesa de reuniões, diante dele. Com 25 anos de experiência em explicar redes de computadores ao restante de nós, ele falava pausada e precisamente, num inglês parecido com o de Sean Connery.

Em 1989, Nipper criou a primeira conexão da Internet para a Universidade de Karlsruhe, uma usina de força de tecnologia, e mais tarde foi o principal desenvolvedor da rede acadêmica nacional alemã. Quando nasceu a Internet comercial, no início da década de 1990, Nipper tornou-se diretor de tecnologia de um dos primeiros ISPs da Alemanha, a Xlink, onde enfrentou uma dor de cabeça conhecida: a MAE-East. "Cada pacote tinha de atravessar links internacionais muito caros para o *backbone* NSFNET", disse Nipper, entre goles de café expresso. Em 1995, a Xlink se juntou a outros dois ISPs iniciais, a EUnet, em Dortmund (lar de outro departamento importante de ciência da computação), e a MAZ, de Hamburgo, pretendendo tirar a travessia atlântica do circuito, ligando suas redes em solo alemão.

A Deutscher Commercial Internet Exchange foi fundada com uma interconexão de 10 megabytes – cerca de 1/100 mil de sua capacidade atual – em um *hub* instalado no segundo andar de um antigo prédio dos Correios, perto do centro de Frankfurt. Sua primeira encarnação de DE-CIX não foi espetacular, mas mudou tudo. Pela primeira vez a Alemanha tinha sua própria Internet – sua própria rede das redes. "Com a criação da DE-CIX, só precisamos cruzar os links nacionais", disse Nipper.

Mas por que Frankfurt? Nipper admite que a decisão de colocar o *hub* aqui – uma decisão que hoje exerce uma atração gravitacional semelhante à do Sol na geografia de toda a Internet – de certo modo foi pouco considerada. Principalmente, porque a cidade ficava no centro geográfico aproximado daqueles três primeiros participantes, um caráter do qual ela se beneficia com frequência. E foi útil que Frankfurt fosse o centro tradicional das telecomunicações alemãs e, é claro, capital financeira da Europa. Entretanto, seria um erro concluir que nesse caso a Internet seguiu as finanças – ou seguiu a Deutsche Telecom. Esse primeiro *hub* não foi planejado para crescer, ou pelo menos não no foguete que estava prestes a decolar. A expansão da Internet foi *ad hoc*, como sempre.

Muita coisa mudou, na década e meia, desde sua fundação, não só na DE-CIX, mas em toda a Europa – e foram as mudanças na Europa que mais impeliram o crescimento da DE-CIX.

À medida que o uso da Internet nas antigas repúblicas soviéticas acompanhava o Ocidente, a DE-CIX lançou ISPs por lá, agressivamente, oferecendo conexões a redes de todo o mundo por menos dinheiro do que Londres ou Ashburn e com um mix mais rico de operadoras globais, em particular do Oriente Médio e da Ásia. Não é que as antigas repúblicas tenham muito a dizer a Frankfurt, é que Frankfurt – em grande parte graças à DE-CIX – é o lugar mais fácil para elas saberem do restante do mundo. A infraestrutura de longa distância está aqui: os principais roteadores de fibra da Europa convergem pelo Meno, incrementando a mesma centralidade geográfica que faz do aeroporto de Frankfurt um dos maiores da Europa, e sempre fez da cidade um eixo. Mas as redes estão seguindo principalmente a verdade econômica de que é mais barato e mais confiável "atrelar-se" a uma grande *exchange* do que depender dos outros para trazer tudo até você. Essa verdade perpetua a si mesma.

Por exemplo, a Qatar Telecom, sediada no estado minúsculo do golfo Pérsico, estabeleceu cabeças de ponte em uma lista conhecida de lugares mundo afora: Ashburn, Palo Alto, Cingapura, Londres, Frankfurt e Amsterdã. Sua rede carrega serviços de voz e dados privados para corporações, mas quando se trata de tráfego de Internet pública, sem dúvida teria sido mais fácil comprar "trânsito" na porta de casa, no Qatar, de um dos grandes provedores internacionais – talvez a Tata, o conglomerado indiano que tem links robustos com o golfo Pérsico. Mas isso significaria deixar a terceiros o negócio de levar a Internet para lá. Em vez disso, a Qatar Telecom instalou seu próprio equipamento de rede naqueles principais pontos de *exchange*, e alugou seus circuitos de fibra óptica privados no golfo. Não admira que as *exchanges* sejam competitivas. Todas fazem lobby por mais *peering* – mas na verdade esperam que "mais" signifique "aqui".

Em Frankfurt, ainda há a questão de ver o que parece esse "aqui". Depois do almoço, Nipper nos leva de carro para o leste, junto ao rio, em sua pequena perua, a uma rua estreita, em um bairro com muitos depósitos antigos e grandes. O "núcleo" principal da DE-CIX fica num prédio operado por uma empresa de *colocation* chamada Interxion, concorrente europeia da Equinix. Foi inaugurada em 1998, com a DE-CIX como um dos primeiros inquilinos (e ainda a única *exchange*). Em contraste com a imensidão dos subúrbios da Virgínia, seu estacionamento era estreito e organizado, com calçamento de paralelepípedos e arbustos bem cuidados, cercado por um grupo de prédios baixos, brancos, crivados de câmeras de segurança. Nós nos espremernos ao lado de um furgão cinza, de portas traseiras abertas, revelando um suporte de ferramentas, com "Fibernetworks" pintado na lateral. Perto dali, um trabalhador de capacete vermelho operava uma britadeira no chão, e dois técnicos desmontavam uma porta automática.

"Pode-se ver que os negócios vão bem", disse Nipper, assentindo para a construção. Perguntei se ele era um grande cliente. "Somos um cliente importante", corrigiu ele, friamente. Eles são o chamariz e são bem tratados por causa disso; muitas *Internet exchanges*, em geral, não precisam pagar aluguel para seu próprio equipamento. Estamos esperando que um segurança nos acompanhe, e Nipper achou exagerada a lenga-lenga de segurança. "É só um *hub* de telecomunicações!" "Os dados que passam por aqui são transitórios, entendeu? Não é como um centro de recuperação de desastre de um banco, onde os dados são armazenados – esse, sim, tem de ser seguro. Mesmo que isso falhe completamente, é claro que terá impacto na Internet, mas talvez nenhum e-mail se perca, seu navegador apenas ficará fora do ar por um segundo, então tudo é roteado novamente." O núcleo da DE-CIX, por sua vez, é projetado para ser "transferido" a seu backup, do outro lado da cidade, em 10 milissegundos. O que vem fácil, vai fácil.

Quando nossa segurança finalmente chegou, corremos para acompanhá-la, enquanto ela atravessava o estacionamento. Nipper zune pelo saguão despojado, do data center, com seu cartão-chave, e passa o cartão novamente em uma segunda antessala, toda de paredes brancas e luzes fluorescentes. Ali, encontramos certa confusão. Um operário de macacão azul estava enfiado no cilindro de vidro da armadilha humana, como uma lula num tubo de ensaio. O scanner de impressões digitais não reconhecia suas mãos sujas, e o trancou ali, para zombaria dos colegas, do outro lado do vidro. Comparado com a Equinix, tudo isso parecia menos cibertremendo, mais parecia uma prisão teutônica.

Quando foi a nossa vez, a segurança gritou no rádio e os dois lados da armadilha humana se abriram. Soou uma buzina alta, e ela nos empurrou pela porta.

Lá dentro, as gaiolas de equipamento não eram bem gaiolas, mas cercados completos de aço bege, que chegavam ao teto, abertos, ladeados pelos trilhos familiares de cabos amarelos de fibra óptica. Cada espaço era rotulado com um código numérico dividido por um ponto decimal – sem placas nem nomes. Na Europa é comum que as linhas de força e ventilação corram subterrâneas, enquanto que nos Estados Unidos elas costumam ser instaladas no alto. Quando chegamos ao espaço da DE-CIX, a segurança entregou a Nipper uma chave, em uma pulseira verde de borracha, como se estivéssemos visitando um cofre de banco. A sala tem o tamanho e o caráter de um banheiro de aeroporto, toda limpa e bege. Como em Ashburn, o ronco das máquinas era ensurdecedor, e Nipper gritou para ser ouvido.

"Um de nossos princípios é fazer tudo tão simples quanto possível, mas não da forma mais simples", disse ele, citando

Einstein. A "tipologia" da DE-CIX, em termos de engenharia, é seu próprio design. As conexões de cada uma das quase 400 redes que trocam tráfego aqui são agregadas – "multiplexadas" – em alguns cabos de fibra óptica. Um "dispositivo de proteção de fibra" age então como uma válvula dupla, dirigindo o fluxo de dados entre os dois *switches* centrais da DE-CIX, o ativo e o de *"hot standby"*, aqui e pela cidade. A tarefa do núcleo é orientar o tráfego que chega para a porta correta, e seu destino. A maior parte da luz viaja pelo caminho ativo ao núcleo vivo, mas 5% do sinal são refratados para o backup, que sempre está em pleno funcionamento. "Todas essas caixas ficam em comunicação. Se um link cair, ele diz a todas as outras caixas para comutarem ao mesmo tempo e elas fazem isso em 10 milissegundos", disse Nipper. Ele testa o sistema quatro vezes por ano, alternando entre os dois núcleos durante as horas tranquilas do início de uma manhã de quarta-feira. Apesar de seus clientes internacionais, o tráfego pela DE-CIX tem o traçado de uma onda, aumentando durante o dia e entrando em pico no meio da noite, no horário alemão, enquanto todos se acomodam em casa com seus vídeos e compras pela web. Enquanto Nipper explicava tudo isso, a segurança nos observava com atenção da ponta do corredor, como um vigia numa mercearia.

Nipper deixou o núcleo em si – a joia da coroa – para o final, usando a chave na pulseira verde para abrir a tranca do gabinete com um floreio brincalhão. Prendi a respiração ao ver: uma máquina preta em um suporte tamanho padrão; cabos de fibra óptica amarelos brotando dela, como espaguete de uma máquina de macarrão; dezenas de LEDs piscando, ocupados; um rótulo branco impresso, que dizia CORE1.DE-CIX.NET; uma placa que dizia MLX-32.

Como perguntou a distraída Jen, em *The IT Crowd*: "Isso é a Internet? *Toda* a Internet?" Como máquina, confesso que se parecia muito com todas as outras da Internet. Tentei me preparar para isso – para a possibilidade do banal, de uma caixa preta de aparência comum. Era como visitar Gettysburg: é só um monte de campos. O objeto diante de mim era verdadeiro e tangível, embora inequivocamente abstrato; material, porém incognoscível. Eu sabia, de Austin, que essa máquina estava entre as mais importantes da Internet – o centro de uma das maiores *Internet exchanges* –, mas exibia esse significado discretamente. Seu significado tinha de vir de dentro de *mim*.

Lembrava-me de uma cena extraordinária, na estranha autobiografia em terceira pessoa de Henry Adams, *The Education of Henry Adams*, quando ele descreve sua visita à Grande Exposição de 1900, em Paris. Lá, ele viu uma nova tecnologia milagrosa: um "dínamo", ou gerador elétrico. É um confronto com a tecnologia, de tirar o fôlego. Na aparência, "o dínamo, em si, não passava de um canal engenhoso para transmitir a qualquer lugar o calor latente em algumas toneladas de carvão, ocultas em uma usina suja, cuidadosamente mantida fora de vista", escreve ele. Mas o dínamo significava tudo para Adams: tornou-se "*um símbolo do infinito*". Parado ao lado, ele sentiu sua "força moral, tanto quanto os primeiros cristãos sentiam a cruz". E continua: "O planeta em si parecia menos impressionante, em sua revolução diária ou anual antiquada e ponderada, do que essa roda imensa, girando à distância de um braço, a uma velocidade vertiginosa e mal murmurando... mal zumbindo um alerta audível para sustentar um fio a mais de respeito pelo poder."[6] Mas não foi o mistério da máquina, ou seu poder, o que mais apavorou Adams. Foi claramente o fato de significar uma "ruptura na continuidade", como ele coloca. O dínamo declarou que agora sua vida tinha de ser vivida em duas épocas diferentes, uma antiga e outra moderna. Tornou o mundo novo. Senti o mesmo por essa máquina, no centro da Internet. Acredito no poder transformador da rede. Mas sempre fiquei perdido com os símbolos físicos dessa transformação. Faltam monumentos à Internet. A tela é um vaso oco, uma ausência, não uma presença. Da perspectiva do usuário, o objeto pelo qual a Internet chega é totalmente flexível – um iPhone, um BlackBerry, um laptop ou uma televisão. Mas a DE-CIX era meu dínamo – um símbolo do infinito, pulsando com 800 bilhões de bits de dados por segundo. (*Oitocentos bilhões!*) Era mais alto, embora menor, do que o de Adams, e não estava em exposição em nenhum salão, mas escondido atrás de meia dúzia de portas trancadas. Mas era, do mesmo modo, um sinal do novo milênio, algo que tornava tangível as mudanças na sociedade. Atravessei um longo caminho, desde o esquilo no quintal – e não só em quilômetros percorridos, mas deslocando-me da margem da rede para o centro, e em minha compreensão do mundo virtual.

A guarda bate o pé com impaciência. Nipper e eu vamos à parte de trás da máquina, onde potentes ventiladores sopram o calor, gerado por seus esforços em orientar todos esses bits, aqueles fragmentos de cada um de nós. O vento quente arde em meus olhos e lacrimejo um pouco. Então Nipper fecha a gaiola e somos empurrados porta afora.

No carro, de volta à sede da DE-CIX, Nipper perguntou se fiquei satisfeito. Foi um bom passeio? Eu procurava pelo *real* em meio ao meramente virtual – algo mais real do que pixels e bits – e encontrei. Entretanto, incomodava-me a ideia de que esta máquina em particular não fosse tão diferente de muitas outras, o que só parecia reiterar o caráter irrelevante de sua realidade singular. Eu acreditava na importância dessa caixa, entre outras, mas me sentia sem chão. Havia outras caixas no mundo, certamente. Mas, da mesma maneira, havia um mundo dentro dessa caixa. Eu estava longe de terminar com a Internet. A essência do que eu procurava era a interseção única de um lugar com a tecnologia: uma caixa singular em uma cidade singular, que se coloca como um cruzamento físico de nosso mundo virtual. Um mero fato geográfico. Nipper e eu seguimos juntos, por baixo dos guindastes do porto.

De volta ao escritório, Orlowski vasculhou um armário de suprimentos, antes de aparecer com meu prêmio: uma camiseta preta com os dizeres em amarelo vivo I ♥ PEERING. Então pegou em outra caixa de papelão um agasalho preto com um pequeno logo da DE-CIX no peito. "Use isto em Amsterdã", disse Orlowski com uma piscadela. "E dê lembranças minhas ao Job." Sua competição se estendia aos brindes.

Naquela noite, em meu quarto de hotel, digitei rapidamente minhas anotações e copiei os arquivos de áudio de meu gravador digital para o laptop. A mesa do quarto dava para a janela. Tinha começado a chover, e as ruas na hora do rush eram ruidosas de trânsito. Um bonde elétrico passou com barulho. Depois, para ter mais proteção e abrandar uma paranoia que não passava, copiei tudo para um serviço de backup online, que soube que se localiza fisicamente em um banco de dados na Virgínia, deliberadamente perto de Ashburn. Em minha tela, vi a barra de status crescer enquanto os grandes arquivos de áudio faziam seu caminho até ela. Eu tinha uma boa ideia do trajeto seguido pelos bits. Eu sombreava no mapa.

Depois do severo acinzentado de Frankfurt, Amsterdã foi um alívio. Saí do bonde no meio de uma noite movimentada de primavera, na Rembrandtplein, uma das praças do tamanho de uma sala que pontilham o centro da cidade. Casais bonitos passavam com estrépito em bicicletas pretas e pesadas, os casacos flutuando como asas. Esqueça os clichês de haxixe e prostitutas; a liberalidade de Amsterdã parece muito mais profunda, mais sensível. Andando pelas silenciosas ruas transversais que ladeiam os canais, vi, por janelas de cortinas abertas, salas iluminadas por lustres de estilo moderno e cheias de livros. Isso me lembrou o Brooklyn – ou *Breuckelen*, como os holandeses chamam, com nossas casas igualmente apinhadas e suas frentes avarandadas.

Em seu livro *The Island at the Center of the World*, Russell Shorto afirma que esse espírito holandês está no fundo do DNA de Nova York, e da América. Há, escreve ele, uma "sensibilidade cultural compartilhada, que inclui uma franca aceitação das diferenças e a crença de que a realização individual importa mais do que o direito de nascença".[7] Parecia estranho aplicar esses termos à Internet – pensar nela como algo além de apátrida, fluida e até pós-nacional. Os retângulos de vidro de nossas telas e as janelas do navegador dentro delas têm um efeito mais homogeinizador, no mundo, maior do que a presença de qualquer McDonald's. Online, as fronteiras políticas são praticamente invisíveis, suavizadas pelo triunvirato corporativo do Google, Apple e Microsoft. Mas Amsterdã começaria a provar o contrário. Como ficou claro, a Internet holandesa era muito holandesa.

Desde o início, a Amsterdam Internet Exchange era alardeada pelo governo como um "terceiro porto" para a Holanda – um lugar para os bits, como Roterdã é um lugar para navios e Schiphol para os aviões. Os holandeses viam a Internet apenas como a mais recente de uma linhagem de 500 anos de tecnologias, que podiam ser exploradas para ganho nacional. "Na Holanda, fortes, canais, pontes, estradas e portos sempre tiveram, primeiro, importância militar, depois, foram muito úteis ao comércio", argumenta um artigo editorial de 1997. "A logística dos bits, na Holanda, precisaria de um lugar só dela, na expectativa de pegar uma proporção substancial das centenas de bilhões de dólares em jogo, no mundo futuro do comércio pela Internet."[8] A história já provou o modelo: "Na época da Companhia das Índias Orientais, o acesso a mar aberto foi um fator decisivo para o sucesso (...). Dar acesso às artérias digitais da rede global será decisivo hoje." Se Frankfurt tinha a sorte de ficar no centro geográfico da Europa, Amsterdã teria o ímpeto de se tornar um dos centros lógicos da Internet. Se houvesse uma lição maior nisso, era a necessidade de os governos investirem em infraestrutura – e então saírem do caminho. Em toda a sua história, a Internet precisou de ajuda para começar, beneficiando-se imensamente quando ficou sozinha.

O primeiro ingrediente em Amsterdã e em toda parte era (e ainda é) a fibra. Em 1998, a Holanda aprovou uma lei exigindo que todos os proprietários de terras dessem o direito de as redes privadas instalarem cabos de fibra óptica – um direito que antes era reservado à KPN, a empresa de telefonia nacional. Indo um passo além, a lei determinava que qualquer empresa que quisesse cavar tinha de anunciar suas intenções, e permitir que os outros instalassem sua própria fibra e partilhassem o custo da construção. Parte da intenção era evitar que as ruas fossem cavadas repetidamente. Mais importante, porém, a política acabaria por eviscerar os antigos monopólios.

Os resultados foram bons, e de forma quase cômica. Visitei Kees Neggers, diretor da SURFnet, a rede de computadores acadêmica holandesa e participante fundamental no desenvolvimento da Internet na Holanda, em seu escritório em uma torre, acima da estação ferroviária de Utrecht. De sua estante, ele pegou um volumoso relatório, e abriu em uma página de fotografias feitas no momento de toda aquela cavação. Em uma delas, dezenas de conduítes multicoloridos destacavam-se do chão macio de um pôlder, espalhando-se como uma baleia fendida numa praia. Outra mostrava dezenas de conduítes saindo da porta de uma casa de Amsterdã. Dispostos na rua de paralelepípedos, esperando para ser enterrados, enchiam uma rua inteira. As cores – laranja, vermelho, verde, azul, cinza – indicavam diferentes donos; cada um deles continha centenas de filamentos de fibra. Era uma abundância absurda, e ainda é. "Eles dividiram entre si o custo da Amsterdam Internet Exchange para cavar pelos diques, e isso deu a todos, de imediato, a oportunidade de se conectar de forma barata – inclusive entre si", disse Neggers. "E então, cresceu como cogumelo."

Eu não tinha notado a extensão desse crescimento antes de dar com um mapa online, um Google caseiro feito por alguém chamado apenas "Jan", que indicava, com pinos coloridos, como se estivessem em cafeterias, a localização de quase 100 data centers na Holanda. Um pino verde significava uma localização da AMS-IX, o vermelho mostrava prédios de operadoras privadas e o azul indicava um data center que deixara de ser usado. Se eu ampliasse o zoom ao país inteiro, os pinos tomariam a tela, todos voltados para a mesma direção, como moinhos de vento. Pareceu-me um exemplo impressionante da transparência holandesa: aqui, reunidos num só lugar na web aberta, estava a mesma informação que o WikiLeaks considerou sensível o bastante para se incomodar em vazar. No entanto, ninguém parecia ligar. O mapa já estava ali há dois anos, aparentemente sem ser incomodado.

Isso também esclarecia uma questão mais ampla, que estive contornando durante meses. Mostrava a geografia em pequena escala da Internet, com os data centers aglomerados em bairros de Internet definidos, como os parques industriais que cercavam o aeroporto de Schiphol, o "Zuidoost" a sudeste do centro da cidade e a área acadêmica conhecida como Science Park Amsterdam. Um mapa semelhante da área em torno de Ashburn ou do Vale do Silício certamente mostraria um número semelhante de locais. Mas comparado com aqueles imensos terrenos de subúrbio, em escala americana, a Holanda era extraordinariamente compacta. Criava a possibilidade de uma nova maneira de ver a Internet, de colher seu senso de lugar: um data center que pode ser percorrido a pé.

Eu começava a perceber que passei semanas seguidas atrás de portas com trancas eletrônicas, envolvido em longas conversas com as pessoas que faziam a Internet funcionar. Mas todas estas interações foram planejadas, analisadas e gravadas em áudio. Recebi permissão de dirigentes corporativos. Crachás foram emitidos, diários de visita assinados, mas, em geral, parecia que eu usava antolhos. Estivera tão concentrado nas árvores que quase me esqueci da floresta. Sempre estive correndo por estacionamentos, mergulhando de cabeça no "centro". Em quase todos os casos, o arranjo do dia limitava minha permanência. Eu tinha pouco tempo para qualquer contemplação demorada.

Em Amsterdã, eu devia me reunir com Witteman e visitar o *switch* central, no coração da Amsterdam Internet Exchange – a versão holandesa do que eu vira em Frankfurt. Mas o mapa do data center parecia a desculpa perfeita para uma forma mais aberta de ver a Internet, algo mais parecido com uma estada do que com outra visita guiada. O desafio era que a Internet era um lugar difícil, não era possível que eu simplesmente aparecesse. Os data centers e pontos de *exchange* não tinham centros para visitantes, como uma represa famosa ou a Torre Eiffel. Mas em Amsterdã a Internet era tão densa no chão – havia tanto dela – que mesmo que eu não pudesse bater nas portas e esperar ser convidado a entrar podia pelo menos andar por algumas dezenas de prédios da Internet em uma única tarde, um amontoado que responderia de nova maneira à pergunta de *como* a Internet era. A arquitetura expressa ideias, mesmo quando os arquitetos não estão envolvidos. O que dizia a infraestrutura física da Internet de Amsterdã?

Há um artigo maravilhoso do artista Robert Smithson chamado "A Tour of the Monuments of Passaic". Em sua mente distorcida, as terras industriais devastadas de Passaic, em Nova Jersey, tornam-se evocativas como Roma, cada centímetro digno de atenção estética. Mas a insistência de Smithson em bancar o homem correto acaba por tornar todo o relato loucamente surreal. Os pântanos de Nova Jersey tornam-se lugar de assombro. "Fora da janela do ônibus, passa voando um Howard Johnson's Motor Lodge – uma sinfonia de laranja e azul", escreve Smithson. As grandes máquinas industriais – silenciosas naquele sábado – são "criaturas pré-históricas presas na lama, ou melhor, máquinas extintas, dinossauros mecânicos sem a pele".[9] Seu argumento é que vale a pena observar o que normalmente ignoramos, que pode haver uma espécie de caráter artístico na paisagem e sua beleza pouco convencional pode nos dizer algo importante sobre nós mesmos. Tive o pressentimento de que essa abordagem funcionaria com a Internet, e, com a ajuda daquele mapa dos data centers holandeses, pude sair para confirmar isso.

Arregimentei um companheiro andarilho – um observador profissional da Internet, embora de uma estirpe mais convencional. Martin Brown trabalhou para a Renesys, a analista de tabela de roteamento da Internet, e recentemente mudou-se para 's-Hertogenbosch, a pequena cidade holandesa conhecida pela maioria como Den Bosch, ou "A Floresta" (sem dúvida!), onde sua mulher tem um novo emprego numa indústria farmacêutica.

Brown, ex-programador e agora observador em tempo integral da tabela de roteamento da Internet, é especialista no funcionamento interno da rede. Em particular, admirei seu estudo do evento de *depeering* da Cogent e Sprint. Mas Brown disse que embora tivesse entrado em alguns data centers e pontos de *exchange*, nunca parou realmente para vê-los – certamente não desta maneira pelo menos. Fizemos planos de nos encontrar para uma caminhada urbana, uma jornada de mais ou menos 13 quilômetros, que começaria em uma estação do metrô, a alguns minutos, pedalando, do centro da cidade, e terminaria substancialmente mais longe, nos subúrbios próximos.

Nosso primeiro data center era visível da plataforma elevada do trem: um *bunker* de concreto ameaçador, do tamanho de um pequeno prédio comercial, com caixilhos azuis, gastos nas janelas, espalhando-se por um canal que se unia ao rio Amstel. O dia de final de inverno era cinzento e úmido, e havia casas flutuantes atracadas à beira da água tranquila. Meu mapa indicava que o prédio pertencia à Verizon, mas uma placa na porta dizia MFS – as iniciais vestigiais da Metropolitan Fiber Systems, empresa em que Steve Feldman trabalhou, que administrava a MAE-East e que a Verizon adquirira anos antes. Claramente, não havia pressa para guardar as aparências; parecia, em vez disso, que seus novos donos preferiam que o prédio desaparecesse. Quando Brown foi até a porta da frente e espiou pelas vidraças escurecidas do saguão, eu quase gritei com ele, como uma criança prestes a entrar em uma casa mal-assombrada. Admito que eu estava nervoso. As barreiras de segurança, vidro fosco e câmeras de vigilância deixavam claro que este não era um lugar que recebesse bem o interesse externo, muito menos algum visitante, e eu estava ansioso para não ter de explicar a ninguém o que exatamente estávamos fazendo (e muito menos o que eu estive fazendo o tempo todo), independentemente do que o mapa dissesse deste lugar. O prédio dizia "afaste-se".

Voltamos pelo canal, para o data center que continha um dos núcleos da AMS-IX. Era de propriedade da euNetworks, que, como a Equinix em Ashburn, está fundamentalmente no negócio de alugar espaço, e o prédio tem uma placa perto da porta e uma recepcionista simpática era visível pela vidraça do saguão. Mas quando Brown e eu fomos até os fundos, ficou clara sua verdadeira rigidez: um muro ocupando uma quadra, de tijolos cinza na base e aço corrugado no topo. Para aumentar a sensação de mistério, havia um velho caminhão Citroën enferrujado na rua vazia, parecendo um objeto de cena de *Mad Max*. Contornamos o veículo, tirando fotos sofregamente. (Smithson: "Fiz algumas fotos apáticas e entrópicas desse monumento resplandecente.") Tornou-se uma cena evocativa: a quadra solitária, os tijolos e o aço nus demais do data center, a fila de câmeras de segurança e – acima de tudo – o conhecimento do que acontecia dentro daquelas paredes. Esse não era nenhum antigo edifício vazio, mas um dos mais importantes prédios da Internet no mundo. E isso estava ficando divertido. Seguimos em frente por uma larga ciclovia, esquivando-nos de estudantes que pedalavam do treino de futebol para casa, e atravessamos alguns cruzamentos amplos. Depois da identidade falsa de um prédio comercial (vidro demais para ser um data center), contornamos mais uma quadra e vimos um galpão de aço, sem placa, que parecia surpreendentemente robusto. De novo, não havia placas, mas o mapa me dizia que pertencia à Global Crossing, a grande proprietária de *backbone* internacional que, desde então, foi comprada pela Level 3. No início daquela semana, estive dentro da instalação da Global em Frankfurt e notava a semelhança. Foram construídos na mesma época, sob a direção de um só engenheiro em campanha pelo continente. Esse era um pedaço da Internet da mais alta ordem, um nó fundamental daquilo que a Global gostava de chamar de seu "WHIP", de "world's heartiest IP network", "a mais amigável rede de IP do mundo". O aço corrugado e as câmeras de segurança deram a primeira pista; mais do que isso, porém, foi a qualidade da construção do prédio. Um depósito de canos podia ter a mesma proporção e os mesmos materiais, e podia até ter uma ou duas câmeras. Mas esse, definitivamente, tentava ao máximo não parecer nada – o equivalente arquitetônico a um sedã genérico de detetive da polícia. Os prédios da Internet se distinguem por sua discrição, mas quando se aprende a reconhecê-los, eles parecem discretamente distintos.

Percorrendo os quilômetros, aprendemos sua narrativa: as proteções de aço dos geradores, as tampas de bueiro, com nomes de rede, as câmeras de segurança de alta qualidade. Andar por ali era fisicamente satisfatório; não farejávamos o ar com nossos smartphones, procurando sinal Wi-Fi, mas partilhávamos pistas mais tangíveis.

Passamos por baixo de um elevado e entramos num bairro de ruas estreitas, junto de outro canal, onde havia um grupo de meia dúzia de data centers em meio a revendedoras de carros. Os data centers eram maiores. Um prédio de aço corrugado, com uma faixa estreita de janelas em toda a extensão do segundo andar, pertencia (segundo o mapa) à Equinix. Comparado com as conchas de concreto inclinadas de Ashburn, podia muito bem ter sido projetado por Le Corbusier, com suas fileiras de janelas e fachada de lambris. Mas por qualquer padrão razoável era inteiramente desinteressante, um lugar pelo qual passaríamos direto se não estivéssemos indo diretamente para ele. Paramos para admirá-lo, e Brown bebeu água de um cantil, como se estivéssemos numa trilha de montanha. Um pato – de cabeça verde, bico amarelo, pés laranja – andou a nosso lado. Estávamos com frio e cansados. (Smithson: "Comecei a ficar sem filme e sentia fome.") A essa altura eu estava bem cansado – não apenas de nossa caminhada, mas de toda uma semana de jet lag, no ar viciado da Internet – e caí na realidade: eu viajava pelo mundo olhando prédios de aço corrugado. Aprendi como era a Internet, falando de modo geral: um depósito para armazenamento próprio. Mas estranhamente bonito.

No dia seguinte, visitei Witteman na sede da AMS-IX. Na parede atrás de sua mesa havia uma versão caseira do cartaz do filme *300*, baseado no sangrento épico dos quadrinhos sobre a batalha das Termópilas. O pôster original dizia "Esta noite jantaremos no inferno" e mostrava um espartano enfurecido, de peito à mostra, arreganhando os dentes. A versão de Witteman manteve o soldado, mas alterou o texto, que pingava sangue, dizendo: "Somos os maiores!" Tive o pressentimento de quem nessa fantasia representava os persas. Enquanto a *exchange* de Frankfurt projetava um caráter refinado, a AMS-IX parecia aspirar a uma completa informalidade, uma filosofia que se estendia a seus escritórios, em um par igual de casas históricas perto do centro da cidade antiga. A equipe jovem e internacional almoçava junta, todo dia, sua comida era preparada por uma empregada e servida no estilo familiar numa mesa que dava para o jardim dos fundos. Havia um caráter caseiro na AMS-IX que eu ainda não encontrara na Internet. Em vez de a rede ser o reino de teorias da conspiração e infraestrutura oculta, a *exchange* incorporava um espírito de transparência e responsabilidade individual. E, pelo que se viu, essa sensação se estendia à sua infraestrutura física.

Antes do almoço, Witteman e eu pegamos Hank Steenman, guru da tecnologia da AMS-IX, em seu escritório do outro lado do corredor. Nós três subimos no calhambeque da AMS-IX, uma minivan pequena e amassada cheia de velhos copos de café, e fomos para o *switch* central, localizado em um dos data centers por onde Brown e eu passamos. Havia um rack de bicicletas do lado de fora e um saguão receptivo e bem iluminado, com mapas de rede emoldurados nas paredes. Andamos por um corredor largo, ladeado de portas pintadas de amarelo vivo, e passamos por uma sala usada pela KPN, cheia de racks, no tom de seu verde padrão. A AMS-IX tinha sua própria gaiola grande no fundo. Os cabos de fibra óptica amarelos estavam perfeitamente enrolados e amarrados. A máquina em que se conectavam parecia familiar. Muito familiar. Era uma Brocade MLX-32 – a mesma usada em Frankfurt. Ah, o senso de lugar da Internet não se estendia ao maquinário. "Então aqui fica a Internet!", disse Witteman num tom zombeteiro. "Em caixas assim. Cabos amarelos. Muitas luzes piscando."

Naquela noite, quando voltei à Rembrandtplein, um músico de rua cantava como Bob Dylan, e turistas e farristas se reuniam em volta. Casais estavam sentados, fumando, nos bancos. Um grupo de homens passou intempestivamente, provocando uma comoção. Amsterdã era muitas coisas. Mas eu só conseguia pensar no que aconteceria se você cortasse uma seção transversal das ruas e prédios: as paredes quebradas brilhariam, com a centelha afiada de todos aqueles cabos de fibra óptica serrados, outro tipo de luz vermelha: a matéria-prima maior da Internet – e, ainda mais do que isso, da era da informação.

5

Cidades de Luz

De volta a Austin, no NANOG, encontrei um homem chamado Greg Hankins que possuía o infeliz cargo de "solucionador". Ele se misturava com a turma do *peering*, era rápido no pagamento de bebidas e parecia ser um membro de boa posição do circo itinerante de engenheiros de rede, coordenadores de *peering* e operadores de *Internet exchange*. Em particular, era especialmente próximo de Witteman e Orlowski. Mas ele não administrava uma rede nem trabalhava para uma *Internet exchange*. Hankins era empregado pela Brocade, uma empresa que produzia – entre outras coisas – a série MLX de roteadores. Eram máquinas do tamanho de geladeiras, com o custo de caminhões e inteiramente essenciais para o funcionamento interno da Internet. Em Frankfurt e Amsterdã, vi o modelo mais potente da Brocade – o MLX-32 – funcionando a toda. Mas também a vi, ou suas versões menos potentes, em quase todos os outros prédios da Internet em que estive, feitas pela Brocade ou uma de suas concorrentes, como a Cisco ou a Force10. Quando eu não localizava o grande roteador, dentro de uma gaiola trancada, via-o em caixas de despacho, tomando os corredores escuros do data center, como as fezes de um urso nativo. Essas eram as senhas de papelão da Internet física, o sinal mais claro de que um prédio estava seriamente na rede. Mas tanto quanto isso, gostei de como os roteadores eram

Cidades de luz 159

os blocos de construção da Internet. Eles *cresciam*: a caixa de 20 dólares que comprei na Radio Shack era uma espécie de roteador, e também a IMP original de Leonard Kleinrock. Elas eram e são as primeiras peças físicas da Internet. Mas o que sabia eu realmente sobre o que havia dentro delas? Aprendi sobre a geografia da Internet, onde ela ficava. Mas não sabia muito *do que* ela era. Em casa, tudo era de cobre: o fio que vinha do jardim, os cabos em minha mesa, os últimos cabos telefônicos vestigiais na linha terrestre. Mas no coração da Internet, tudo era fibra – filamentos finos, de vidro, cheios de pulsos de luz. Até agora tranquilizaram-me de que, na Internet, sempre há um caminho físico distinto, seja um único cabo amarelo, de fibra, um cabo submarino transoceânico, ou um feixe com espessura de centenas de fibras. Mas o que acontecia dentro do roteador era invisível a olho nu. Qual era o caminho físico ali dentro? E o que isso podia me dizer a respeito de como todo o restante era conectado? Qual era o *reductio ad absurdum* dos tubos?

A Internet era uma construção humana espalhando seus tentáculos pelo mundo. Como tudo isso era enfiado no que já estava lá fora? Infiltrava-se por baixo dos prédios ou pelos postes "telefônicos"? Tomava velhos depósitos abandonados, ou formava novos bairros urbanos? Eu não queria um PhD em engenharia elétrica, mas esperava que o que se passava dentro da caixa preta e pelos cabos amarelos pudesse ser ao menos um tanto, digamos, iluminado. Hankins estava sempre na estrada, e não conseguia parar. Mas conhecia um homem em San Jose que podia me dizer alguma coisa sobre o poder da luz.

A sede da Brocade ficava em um prédio de janelas espelhadas no sossego do aeroporto de San Jose, no Vale do Silício. Fui recebido no saguão por Par Westesson, cujo trabalho é unir as máquinas mais potentes da Brocade para simular os maiores pontos de *Internet exchange* – e depois desmontá-las e entender um jeito de produzi-las melhor. "Tiramos uma fibra ou desligamos um dos roteadores enquanto o tráfego está fluindo", disse Westesson. "Esse é um dia típico para mim." Tenho a impressão de que ele não gosta quando as coisas não funcionam. Nascido na Suécia, veste uma camisa xadrez caramelo bem passada e calça de algodão marrom, e seus olhos azuis estavam baços do tempo passado sob luzes fluorescentes e em meio ao ar seco do laboratório lá em cima. Era uma sala do tamanho de uma loja de conveniência, movimentada por técnicos em duplas ou trios diante de telas duplas, ou mexendo em caixas de cabos de fibra óptica e peças sobressalentes. A cortina estava fechada por causa do sol. Westesson me convidou a tratar o lugar como um minizoológico. Eu podia desmontar uma dessas máquinas – sem o risco de prejudicar a Internet ao vivo. A maior e mais obtusa das quatro partes básicas de um roteador é o "chassi", o envoltório parecido com um arquivo de escritório, que confere à máquina sua estrutura física mais bruta, como o chassi de um carro. Um pouco menor e mais inteligente é o "barramento", que numa MLX-32 é uma placa de aço maior do que uma pizza, riscada de traços de cobre, como um labirinto de jardim. Fundamentalmente, a tarefa de um roteador é dar informações de direção, como um segurança do saguão de um prédio comercial. Um bit de dados entra, mostra seu destino ao segurança e diz: "Para onde eu vou?" O segurança então aponta na direção do elevador ou da escada correta, que é o barramento: os caminhos fixos entre as entradas e saídas do roteador. O terceiro elemento-chave são os "cartões de linha", que tomam a decisão lógica sobre o caminho que um bit deve seguir; são como o segurança. Por fim, existem os "módulos ópticos", que enviam e recebem sinais ópticos e os traduzem de e para os eletrônicos. Um cartão de linha é, na verdade, um *switch* multiposição – não é diferente de um seletor de entrada de um aparelho de som. Um módulo óptico é uma luz – uma lâmpada que liga e desliga. O que a torna miraculosa é a velocidade.

"Então, 1 giga é um bilhão", disse Westesson com indiferença. Ele tem na palma da mão um módulo óptico de um tipo conhecido como SFP+, de "Small form-factor pluggable". Parece um pacote de chicletes Wrigley's feito de aço, denso como chumbo, e com o custo de um laptop. Dentro dele, há um laser capaz de piscar 10 bilhões de vezes por segundo, enviando luz por uma fibra óptica. Um "bit" é a unidade básica da computação, um 0 ou 1, um sim ou não. Esse pacote de chiclete pode processar 10 bilhões deles por segundo – 10 gigabits de dados. Insere-se em um cartão de linha, como uma vela de ignição. Depois, o cartão de linha é deslizado para dentro do chassi, como uma assadeira com biscoitos no forno. Quando "totalmente povoada", uma MLX-32 pode ter bem mais de 100 módulos ópticos. Isso quer dizer que pode lidar com 100 vezes 10 bilhões, ou 1 trilhão de bits por segundo – o que equivale à unidade conhecida como um "terabit", mais ou menos o que fluía por aquele MLX-32 de Frankfurt, na tarde de segunda-feira em que o visitei.

"É nesse pé que estamos hoje", disse Westesson. "O passo seguinte será começar a usar links de 100 gigabits por segundo, onde uma única fibra transmite a uma taxa de 100 bilhões de bits por segundo." Eles já as testaram. *Giga* é uma palavra que encontro quase todo dia, mas significava algo diferente, tentar contar cada bit separadamente.

Westesson esteve falando apenas da "espessura" dos tubos: quantos dados se movimentam pela máquina a cada segundo. Mas eu também estava interessado no corolário: qual é a velocidade de um único bit? Essa mostrou-se uma questão sensível. "Alguns clientes nossos querem saber quanto tempo leva para um pacote ser comutado por um roteador. Tende a ser na faixa dos microsegundos, isto é, um milionésimo de segundo", disse

Westesson. Mas comparado com o tempo que um bit leva para atravessar os Estados Unidos continental, por exemplo, para cruzar o roteador esse tempo era uma eternidade. Era como andar 10 minutos até os Correios só para esperar na fila durante sete dias consecutivos. As máquinas da Brocade, embora sejam potentes, eram como cidades de trânsito engarrafado em uma viagem pela rede aberta. Um milionésimo de segundo era tremendamente lento, se é possível conceber tal coisa.

Segundo as leis da física, um bit desimpedido deve ser capaz de atravessar o roteador cúbico de um metro em 5 bilionésimos de segundo, ou cinco nanossegundos. Westesson mostrou-me a matemática, colocando os números no papel com uma caneta mecânica: a velocidade da luz pela fibra dividida pelo tamanho do roteador. Depois verificou seus cálculos, usando um programa num computador próximo – o que em si era meio estranho, porque, de todas as coisas que pensamos que nossos computadores podem fazer, a última era este tipo de cálculo. Ele contou os zeros na tela. "Este ponto é o milissegundo... este é o microssegundo... e este outro, em geral, é expresso como nanossegundos, ou bilionésimo de segundo." Olhei todos os zeros na tela por um momento. E quando levantei a cabeça, tudo era diferente. Os carros passando pela Highway 87 pareciam cheios de milhões de processos computacionais por segundo – seus rádios, celulares, relógios e GPSs zumbindo dentro deles. Tudo em volta de mim parecia vivo de uma nova maneira: os computadores desktop, o projetor de LCD, as trancas das portas, os alarmes de incêndio e as luminárias de mesa. A sala tinha um bebedouro com um LED verde – e uma placa de circuito interno! O ar em si parecia eletrizado, carregado de bilhões de decisões lógicas por segundo. Tudo na vida contemporânea está nestes processos, nesta matemática. Só no fundo das florestas podemos desligá-los, e mesmo assim não inteiramente. Caso contrário, na cidade... pode esquecer. Os sistemas de rede estão em toda parte: celulares, iluminação pública, parquímetros, fornos, aparelhos auditivos, interruptores de luz. Mas são todos invisíveis. Para ver, você precisa imaginar, e neste momento eu conseguia.

Mas a essa altura Westesson estava atrasado para a reunião seguinte e ficava meio indócil. Tive a sensação de que ele não costumava se atrasar. Ele me acompanhou até o elevador. "Bom, nós apenas arranhamos a superfície", disse ele. Mas parecia que realmente tínhamos ido muito longe. Em seu ensaio "Nature", Ralph Waldo Emerson cruza "um terreno baldio, em poças de neve, ao crepúsculo, sob um céu nublado". E ainda assim essa viagem banal lhe traz "um perfeito regozijo. Minha felicidade beira o medo (...). Tornei-me um globo ocular transparente; não sou nada; vejo tudo".[1] Numa viagem ao centro da Internet, meu terreno baldio era o laboratório do roteador. E o que vi não era a essência da Internet, mas sua quintessência – não os tubos, mas a luz.

Entretanto, aonde isso me levava? Sentado num banco do lado de fora, tomando notas, perguntei-me se essa revelação rebaixava minha peregrinação. Afinal, não chegou à escala do prédio, nem mesmo à escala da cidade, mas à escala nano. E se a Internet não pudesse ser compreendida como *lugares*, mas, melhor pensada, como matemática manifesta, não como tubos sólidos e físicos, mas números inefáveis e etéreos? Era hora de ir ao aeroporto, e me lembrei de que, apesar dos milagres do silício em progresso constante, o planeta ainda era inexpugnável, junto com a velocidade da luz e o desejo humano de se conectar. A banda larga pode se expandir, mas Califórnia, Nova York e Londres não vão ficar mais próximas – tudo isso ficou dolorosamente evidente na longa viagem de avião para Nova York. O mundo ainda é grande. Ao sair do Aeroporto JFK, seguindo lentamente no táxi pelas ruas conhecidas da cidade, ocorreu-me o quanto dela existia. Se a Internet era feita de luz, então o que eram todas as outras *coisas*

– enchendo prédios, bairros inteiros, toda a imensidão cintilante da silhueta da cidade à noite?

Em dezembro de 2010, o Google anunciou a compra do número 111 da Oitava Avenida, em Manhattan, por 1,9 bilhão de dólares, fazendo desta a transação imobiliária do ano nos EUA.[2] É um edifício imenso, com quase 280 mil metros quadrados de espaço espalhados por todo um quarteirão da cidade e era a sede nova-iorquina do Google desde 2006. Os executivos do Google disseram que a empresa precisava do edifício para acomodar o número crescente de funcionários na cidade. Já eram 2 mil pessoas trabalhando ali, e eles contratavam como loucos. A posse de todo o prédio lhes daria a flexibilidade de que precisavam a longo prazo.

Mas o pessoal de infraestrutura da Internet ergueu as sobrancelhas para essa explicação. Além de ser espaço de escritório caro em um bairro popular, o número 111 da Oitava Avenida por acaso também está entre os mais importantes pontos de encontro da rede no mundo, e certamente está entre os três maiores de Nova York. A compra do prédio pelo Google era um pouco como a American Airlines comprando o Aeroporto LaGuardia – e alegando que só o queria para usar como hangar. Entre muitas outras empresas, a Equinix alugava 5 mil metros quadrados de espaço no prédio. Mas, ao contrário de Ashburn ou Palo Alto, o mesmo faziam muitas outras empresas de data center e redes individuais. No "cento e onze", como todos o chamavam, o prédio em si era um *exchange*, com fibra correndo entre espaços alugados em sobreposições complexas.

Mas o que me chamou a atenção na compra do Google foi um detalhe em um artigo de jornal que pretendia explicar o interesse da empresa: o número 111 fica em cima de algo chamado "a rodovia de fibra da Nona Avenida".² Dito dessa forma, parece o rio Hudson, ou talvez a via expressa Brooklyn – Queens. Mas quando comecei a fazer perguntas, revelou-se não ser uma coisa, só uma invenção criativa de agentes imobiliários. Não que não houvesse muita fibra – havia toneladas dela. O caso é que não fica só debaixo da Nona Avenida. Toda a cidade de Nova York estava cheia de "rodovias de fibra".

Andando pela cidade, em minha vida diária, eu ficava cativado com a ideia de luz pulsando sob as ruas. Descendo as escadas do metrô, imaginava as luzes vermelhas aparecendo pela plataforma de concreto. Esse era o corolário municipal do que acontecia dentro do roteador. Mas não era o reino de engenheiros intelectualizados, com os óculos refletindo séries de números. Tratava-se de feixes grossos de cabos, e ruas sujas – uma realidade bem mais pesada. Comecei a me perguntar como essa luz entrava no chão.

A Hugh O'Kane Electric Company foi fundada em 1946, para manter prensas gráficas para editores, mas desde então evoluiu e se tornou uma terceirizada, dominante e independente, de fibra óptica de Nova York. "Temos muitos tubos por aqui", disse Victoria O'Kane, neta dos fundadores, quando telefonei. Eu queria ver a fibra sendo colocada sob as ruas – o mais novo pedaço da Internet. Os trabalhadores da Huge O'Kane faziam isso praticamente toda noite. Então, numa noite de inverno, rodei de metrô durante 20 minutos, de casa a um encontro numa esquina do centro, onde havia um caminhão branco pintado com raios.

Na carroceria, havia um rolo de cabo preto do tamanho de um Volkswagen. Estava estacionado ao lado de um bueiro de tampa com as iniciais "ECS", de Empire City Subway. Mas o nome "subway" não era o que se pode pensar. A Empire City precedeu o sistema de transporte "subterrâneo de Nova York. Desde 1891, a ECS – agora uma subsidiária da Verizon – era dona da franquia para construir e manter um sistema subterrâneo de conduítes, que oferecia para aluguel com taxas públicas que não mudaram em um quarto de século: um conduíte de quatro polegadas de diâmetro custará a você 0,2772 dólar por metro ao mês, enquanto um de duas polegadas pode ser seu por apenas 0,1734 o metro.[4] Atravessar Manhattan lhe custará cerca de 4 mil dólares por mês – se ainda houver espaço nos conduítes.

Naquela noite, Brian Seales e Eddie Diaz, os dois membros do Local Three, o Sindicato Internacional de Trabalhadores do Setor Elétrico, iam instalar cerca de 350 metros de fibra nova sob as ruas, passando-a pelos tubos da Empire City. Os dois trabalhavam para a Hugh O'Kane, mas o cabo em si era de uma empresa chamada Lightower, e era extragrosso: 288 fibras individuais espremidas em um pacote do diâmetro de uma mangueira de jardim.

Como faziam na maioria das noites, Seales e Diaz saíram da garagem, no Bronx, às sete horas, e "estouraram" o bueiro às oito, erguendo sua tampa de 75 quilos com ganchos de aço – juntos, segundo as regras do sindicato. O asfalto sob meus pés reverberou com o barulho. O buraco aberto emitia um leve vapor que vagou pelas ruas iluminadas, cintilando com os primeiros flocos de neve do que logo se transformaria numa nevasca. Eu estava congelando. Seales não se incomodava com o colarinho da camisa de flanela aberto. "Não ligo quando neva muito, não se fica molhado num bueiro", disse ele.

Na beira do meio-fio, curvei-me e olhei para dentro do buraco. Não havia um fundo à vista, só um abismo de cabos retorcidos. Para ter mais espaço para trabalhar, Seales e Diaz retiraram duas grandes bobinas, vasilhas de borracha do tamanho de labradores com o rótulo "AT&T" e "Verizon", e as colocaram na Broadway. Pareciam lulas gigantes sob as luzes de rua, com seus corpos cinza soltando cabos pretos. Alguns buracos estavam tão abarrotados de cabos que a tampa estourou de cara, como cobras saindo de uma lata. O bueiro era problemático no perímetro de segurança da Bolsa de Valores de Nova York. Banqueiros passavam apressados, indo do trabalho para casa. Um policial dentro de uma guarita à prova de balas lançou um olhar sagaz em nossa direção. Fazíamos parte dos ritmos noturnos da cidade; depois de um dia de movimento financeiro, chegara a hora de construir e reconstruir mais pedaços tangíveis da cidade.

Seales trabalhava nas ruas de Nova York para a Hugh O'Kane havia 16 anos; durante oito anos, antes disso, esticou cabos de cobre pelos trilhos do metrô da cidade. Ele parecia George Washington, com cabelos brancos e nariz pontudo. Diaz era mais novo e mais atarracado, de cabelos pretos e expressão irrequieta. No Dia de São Patrício, Seales o chamava de Eddie O'Diaz. Os dois tinham walkie-talkies presos à alça do ombro de seus coletes de trabalho; para evitar que apitassem, quando ficavam perto demais um do outro, cada um deles cobria o fone com a mão sempre que o parceiro falava, como se mantivessem a mão no coração.

O cabo, no caminhão, era uma única tira contínua de fibras. Um engenheiro sentado a uma mesa tinha desenhado a rota num grande mapa do bairro, indicando o caminho do cabo com uma linha vermelha grossa e cada bueiro que atravessava com uma marca circular. Dessa forma, não havia nada de eletrônico nisso. Eram simples vias ópticas, o denominador menos comum da Internet. Uma fibra é uma fibra – só o que tem de fazer é correr pela cidade.

O trecho instalado nessa noite era o conhecido como um "lateral": um link pela cidade, conectando duas espinhas dorsais de rede da Lightower, uma subindo a Broad Street, e a outra a Trinity Place. O objetivo imediato era colocar o número 55 da Broadway "na rede" a pedido de um único cliente com (ao que parecia) necessidades pesadas de dados. Por fim, esse novo trecho de fibra também pegaria clientes adicionais pelo caminho. Funcionava de acordo com uma verdade física inconteste: um pulso de luz entra em uma ponta e sai por outra. Há muita magia na luz em si – o ritmo e o comprimento de onda de seus pulsos determinam a quantidade de dados que pode ser transmitida em determinado tempo, o que, por sua vez, depende das máquinas instaladas em cada ponta. Mas nada disso muda a necessidade de um caminho contínuo. Filamentos de fibra podem ser unidos ponta com ponta pelo derretimento das extremidades, como velas – mas esse processo é delicado e consome tempo. O caminho de menor resistência é ininterrupto. Assim esperamos.

Na semana anterior, Seales e Diaz prepararam a rota. Usando um bastão de fibra de vidro que se dobra em seções, como uma bengala retrátil, eles empurraram uma corda de náilon amarela pelos conduítes e a amarraram em cada bueiro pelo caminho. Depois "vestiram" os bueiros, dispondo tubos de plástico em cada buraco para guiar o cabo. Essa noite puxariam o cabo sob as ruas – 365 metros no total, pouco mais de um terço de quilômetro – usando a corda amarela. Começariam pelo meio da rota que, também por acaso, era o ponto mais alto, a espinha dorsal geológica da ilha de Manhattan, a Broadway.

Outros dois caminhões trabalhariam com eles, abastecendo o cabo pelos conduítes e puxando. Quando estivessem em posição, Diaz pularia no bueiro. Ele era o "ajudante", o homem do meio na brigada dos baldes em um incêndio. Na rua, Seales enrolou a corda-guia amarela no guincho do caminhão, depois entregou a ponta a Diaz. O cabo sairia do bueiro, se enrolaria no guincho, depois voltaria a seu caminho até a próxima parada, onde eles repetiriam o processo. O caminhão ficou em ponto morto, o pisca-alerta laranja iluminando as ruas molhadas contra o ciclo de sinais de trânsito. Quando veio a chamada pelo rádio –

"Pronto, no guincho. VAI, VAI, VAI!" – Seales acionou a alavanca do tamanho de um cabo de vassoura na traseira do caminhão e a prendeu no lugar com uma tábua. Enquanto o cabo deslizava, Seales o lubrificava com um composto amarelado que eles chamavam de "sopa", que ele pegava com as mãos em um balde. "Tipo vaselina, gel lubrificante, essas coisas", disse Seales. "Esse troço está sujo. No começo, é branco."

Diaz gritou do buraco "Algumas sextas-feiras atrás, numa dessas noites abaixo de zero, essa merda congelava nas nossas luvas, na roda, rachava na fibra enquanto ela saía. Era uma noite em que eu gostaria de ter continuado a estudar. Mas gosto do meu trabalho. Sou claustrofóbico. Não posso ficar dentro de um edifício."

Mais acima, na quadra, a ponta do cabo começava a sair do chão ao lado de outro caminhão, meio puxada e meio empurrada pelo guincho de Seales. Os homens entraram ali em posição, com passos firmes e ritmados, cruzando as pernas e flexionando os braços como cantores de *doo-wop*. Como se dançassem uma quadrilha na rua, eles dispuseram o cabo sobre si mesmos em forma de oito. Parecia um cesto trançado, do tamanho de uma banheira.

"Alguns desse conduítes têm 80 ou 100 anos", disse Seales. "Foram instalados quando a cidade foi construída. Esta noite estamos em dutos de ferro de duas polegadas e meia, muito antigos, mas bem abaixo existem dutos quadrados, de terracota, instalados por pedreiros em seções de 65 centímetros." Os bueiros às vezes são decorados com arcos. Seales pode lhe contar uma história sobre cada um deles – como o de "seis chapas" na frente do número 32 da Avenue of the Americas, que sempre está cheio de água. Na manhã do 11 de setembro, ele devia estar puxando o cabo para as Torres Gêmeas. Em vez disso, estava no porão da Broad Street, 75 puxando o cabo *delas*. Foi uma decisão de sorte, que tomou. "Na noite anterior, olhei o mapa, vi a rota e disse:

'Se demorarmos, vamos sair na West Side Highway de manhã, e o Departamento de Transportes vai nos expulsar'". Então, ele inverteu a rota. Quando as torres caíram, "quando acontecia toda aquela merda", ele estava na outra ponta do cabo, e seus homens em segurança por perto. Seguimos de caminhão ao ponto seguinte, a duas quadras dali, sacolejando devagar no meio da rua vazia, enquanto o conduíte embaixo seguia seu caminho desigual. Diaz saltou, e Seales posicionou o caminhão de modo que o guincho ficasse diretamente sobre o bueiro, pronto para puxar a fibra por ali. Seu pneu imenso ficou a centímetros da borda, e mais perto ainda, até que tive a certeza de que ele ia cair. "Ele não entra aí... É uma roda dupla", garantiu Diaz. O inspetor do sindicato olhava a papelada sob o feixe de luz dos faróis do caminhão e, de galhofa, Seales bateu gentilmente nele com o para-choque do veículo de duas toneladas, como um sacerdote dando a comunhão. O inspetor jogou a papelada ao ar. Passaram duas mulheres de botas de salto alto. "Mas o que deu em você?" Diaz implica com o fiscal. "Não olhe para mim. Foram aquelas duas que passaram."

Quando todos estão prontos, o rádio guincha: "VAI, VAI, VAI!"

Diaz grita também: "VAI, VAI, VAI!" O guincho roda suavemente por alguns momentos, até que a corda amarela sai da roda. "Ah!", diz Diaz. "Isso não é bom." O trabalho parou enquanto eles procuravam pelo problema. Em algum lugar embaixo da rua, o cabo tinha empacado.

"Preparei a rota eu mesmo", disse Seales em sua defesa. "Trabalhei nessa rota várias vezes, com vários clientes." O problema era uma seção "em pelo" – o que significava que o cabo corria livremente, em vez de dentro do conduíte ou conduto interno. A junção entre a fibra e a corda amarela – conhecida como "nariz" – tinha travado. Diaz soltou-a e chamou de volta pelo rádio: "VAI, VAI, VAI!" Enquanto o cabo deslizava novamente, Seales semicerrou os olhos pelos óculos de leitura para ver o comprimento, marcado no cabo a cada 65 centímetros. "Esses números de merda estão ficando cada vez menores", disse ele. O motorista do outro caminhão, impaciente para terminar a noite, acelerou o guincho e Seales reclamou pelo rádio, "Devagar aí, devagar aí." Sem ter resposta, ele gritou pela quadra, "EEEEEIIII! Calminha aí!"

O cabo se retesou. Diaz enrolou uns 20 metros, laçou com fita isolante e prendeu na parede do bueiro – com folga suficiente para a "turma da junção" que logo viria a extrair algumas fibras do cabo e fundi-las a outra fibra, que saía do prédio adjacente. Seales empilhou os cones laranja, dobrou a cerca de aço de segurança que cercava o bueiro e recolocou a tampa. Ela retiniu, depois se fechou num baque. "Outra noite de sucesso", disse Seales.

Numa noite, algumas semanas depois, esse novo link seria "ligado". Suas fibras seriam unidas às parceiras, dentro do porão do número 55 da Broadway, e presas ao equipamento emissor de luz correto – aumentando assim, por um leve incremento, o acúmulo total de tubos mínimos e iluminados sob Lower Manhattan.

O número 111 da Oitava Avenida não era o único prédio grande da Internet em Manhattan, mas era o mais novo. Os outros dois grandes – Hudson Street, 60, e Avenue of the Americas, 32 – tinham uma história mais longa como *hubs* de telecomunicações. Mas os três partilhavam uma característica que os definia: a fibra debaixo da rua era tão importante em sua criação como o equipamento em suas torres. Só que o motivo não tinha nada a ver com o Google. Remontava a uma noite de junho, há 100 anos.

"Sem um único tropeço, a complexa tarefa de transferir todas as linhas telegráficas do antigo prédio da Broadway, 195 à sua nova sede, no número 24 da Walker Street, foi realizada pela

Western Union no início da manhã de ontem", relatou o *New York Times* em 29 de junho de 1914.⁵ Este novo prédio de operações, na esquina da Walker Street com a Sexta Avenida – hoje conhecido como Avenue of the Americas, 32 –, devia ser dividido entre a Western Union e a AT&T, com a última ocupando os 12 primeiros andares, e os cinco superiores pertencendo à Western Union. (Vale a pena ressaltar aqui que o segundo "T" da "AT&T" significa telégrafo.) "Quando os negócios estiverem em pleno funcionamento, hoje, 1.500 operadores que trabalharam nas teclas da Broadway, 195, estarão desfrutando das conveniências da mais moderna instalação de telégrafo do mundo", exultou o *Times*. Em 1919, o prédio estava entre os maiores escritórios centrais de telefonia interurbana do país, com 1.470 posições de mesas telefônicas, 2.200 linhas de interurbano e uma central transatlântica de rádio-telefone – e tudo isso ainda não era suficiente para servir às necessidades de telecomunicações do país. Hoje, o prédio é um dos principais componentes da Internet de Nova York – mesmo que a coabitação da AT&T com a Western Union não tenha durado.

Em 1928, a Western Union contratou a firma de arquitetura de Voorhes, Gmelin & Walker para projetar um prédio novo de 24 andares só dela, três quadras ao sul, na Hudson Street, 60. Sem querer ficar para trás, a AT&T contratou os mesmos arquitetos para ampliar o antigo prédio e encher toda a quadra, como uma nova sede, de "linhas longas", da AT&T. Sem se abalar com o *crash* do mercado de ações, as rivais de telecomunicações construíram palácios *art déco* iguais, cada um deles com academia de ginástica, biblioteca, escola de treinamento e até alojamentos. A chave para sua separação estava sob a Church Street: um extenso trecho de condutos de argila, cheios de fios de cobre de bitola grossa, que transportavam mensagens entre os dois sistemas – uma espécie de proto-Internet, que um dia serviria à verdadeira Internet. Os dois prédios estavam em pleno uso na década de 1960, quando o declínio do telégrafo erodiu a importância do número 60 da Hudson como eixo de telecomunicações. Mas não foi o fim do edifício – e certamente não foi o fim dos tubos sob a Church Street. A reinvenção do Hudson, 60 veio com a desregulamentação do setor de telefonia, enquanto o monopólio da AT&T era triturado pelos tribunais federais. A Western Union desocupara o prédio em 1973, mas ainda tinha direitos à sua "rede" – notadamente, os dutos que levavam à AT&T. O antigo monopólio foi sendo obrigado pelos tribunais a permitir que os concorrentes se conectassem ao sistema – mas isto não significava que tinham de ceder o imóvel. Coube a William McGowan, fundador e presidente do conselho da MCI – a movimentada empresa de comunicações que brigou pela desregulamentação e logo operaria um dos primeiros *backbones* da Internet –, encontrar um caminho. Descobrindo os conduítes sem uso entre os antigos prédios, ele fechou um acordo para seu uso e estabeleceu uma cabeça de ponte dentro do número 60, com links diretos ao porão do 32 da Avenue of the Americas. As outras companhias telefônicas concorrentes correram para o número 60 depois dele, enchendo um por um os antigos andares do telégrafo. Inevitavelmente, essas redes começaram a se conectar entre si, dentro do prédio, e o número 60 da Hudson evoluiu para um *hub*. É, de novo, o paradoxo da Internet: a eliminação da distância só acontece se as redes estiverem no mesmo lugar. "É físico. É proximidade. É o endereço", disse Hunter Newby, um executivo que ajudou a fazer do número 60 um importante prédio da Internet.

Hoje, o número 60 da Hudson é lar de mais de 400 redes – esse mesmo número, e principalmente as mesmas redes, familiares de outros grandes centros. Mas meia dúzia dessas redes é de importância particular: os cabos submarinos transatlânticos, que chegam a vários pontos da costa de Long Island e de Nova Jersey, depois "correm" ao número 60, onde se conectam um com o outro e com todos os demais. Surpreendentemente, a maioria deles vem do mesmíssimo lugar: um edifício em Londres chamado Telehouse. Ter tantos deles nesses dois prédios não foi planejado e não deve ser prudente. Mas faz sentido, pelo mesmo motivo que todos os voos internacionais pousam no JFK. "Há um tema recorrente aqui: as pessoas vão aonde as coisas estão", lembrou-me Newby. Cada rede tem seu próprio equipamento instalado no número 60 da Hudson, em gaiolas e suítes de variados tamanhos, mas muitos conduítes de fibra instalados no teto se unem em alguns lugares conhecidos como salas de encontro, operados por uma empresa chamada Telx, importante concorrente da Equinix. A maior sala de encontro ficava no nono andar. Por acaso, tinha uma vista excelente do prédio da AT&T, a quatro quadras dali. Mas a vista não estava em questão. Era o caminho subterrâneo que importava. Esses dois edifícios existiam – eles eram a Internet – graças a esse link. Eu queria vê-lo de perto.

Era um dia quente no meio do verão quando conheci John Gilbert, no saguão abobadado da Avenue of the Americas, 32. Gilbert era diretor de operações da Rudin Management, a grande empresa imobiliária de Nova York que, em 1999, tornou-se apenas a segunda proprietária, depois da AT&T, do número 32 da Avenue of the Americas. Ele era uma figura imponente, com uma camisa branca imaculada e gravata de seda – uma mudança impressionante em relação aos engenheiros de rede com seus casacos de capuz. Ele estava sob um mosaico no saguão: uma projeção de Mercator, ocre, sob a qual vinha o lema do prédio: "Fios telefônicos e unidades de rádio fazem de bairros nações."

"Por que tem rádio aqui?", perguntou Gilbert retoricamente, ainda apertando minha mão. "Quando este prédio foi inaugurado, não havia cabos telefônicos transatlânticos, só rádios em boias. Depois, em 1955, *isto* foi construído." Ele me entrega um cilindro de cobre, do tamanho da palma da mão, como uma moeda inchada, extraordinariamente pesado e denso: um suvenir cortado do primeiro cabo de telefone transatlântico, chamado TAT-1, que conectou os Estados Unidos, por fio, à Europa pela primeira vez. Corria de Nova York – desse prédio – a Londres, mas a porção submarina em si estendia-se de Newfoundland a Oban, na Escócia. O avô de Gilbert o projetou. Como engenheiro da Bell Labs, J. J. Gilbert escreveu as especificações para um "cabo telefônico submarino com repetidores submersos". Gilbert guarda a seção do cabo em sua mesa, um totem ao caráter físico das telecomunicações e ao seu papel como guardião dela.

Desde que os Rudin compraram o prédio, por 140 milhões de dólares, Gilbert tem sido responsável pelo seu uso contínuo como *hub* de comunicações, aprendendo as necessidades peculiares do setor e reformando o edifício para atrair uma nova onda de empresas de Internet. No início, sua ligação familiar com o prédio foi uma coincidência, mas logo fixou seu papel como guardião da história dali, das operadoras de telefonia que primeiro enchiam seus andares aos imensos suportes de distribuição de fibra óptica, que fazem o mesmo trabalho hoje.

Mas na década depois que os Rudin compraram o prédio, o 32 da Avenue of the Americas evoluiu para um animal diferente de seu prédio irmão. No 60 da Hudson, dezenas de empresas alugavam e sublocavam espaço para seu equipamento. Mas, no nº 32, os Rudin eram donos tanto do prédio todo como operavam o espaço de telecomunicações, que eles batizaram de "O Eixo". Em outra parte do edifício ficam os escritórios de um arquiteto, de uma agência de publicidade e da Cambridge University Press. Mas no vigésimo quarto andar fica a Internet.

A "sala de encontro" daqui mais parece um "corredor de encontro", um único estirão de 21 metros com 64 racks, todos do chão ao teto, com espirais de fibras amarelas, como um tear gigante, acomodando dezenas de milhares de links individuais. Gilbert me leva cautelosamente a contornar um funcionário da manutenção no alto de uma escada, esticando novos cabos pelas bandejas do alto – um processo mais delicado do que vi na rua. "Este é seu mercado moderno, onde transferências são feitas, fibras tocam em fibras, redes tocam outras redes", disse Gilbert, como se mostrasse o banheiro de mármore de uma cobertura na Park Avenue. Desse modo, o prédio não é tão diferente de Ashburn ou Palo Alto – excluindo-se o fato de que foi nesse espaço que a AT&T conectou telefonemas de longa distância durante meio século.

Se Ashburn é um acaso da geografia, esse edifício é o contrário: um fato de geografia. Foi construído sobre uma infraestrutura de telefonia de 100 anos, aninhado entre bolsas de valores e trilhos de ferrovia. Estava metido na parte imobiliária mais natural, entre o cotovelo do centro da cidade e sua primeira saída – o túnel Holland, para Nova Jersey, indo para oeste. E ao contrário da semelhança intencional das sedes da Equinix do mundo digital, seu projeto é singular, seu jeito peculiar e misterioso. Parecia ter evoluído organicamente, como que impelido pelo ambiente – alimentando-se de seu sistema de raízes original, de conduítes, e estendendo outras ao longo de meio século.

Recentemente, uma empresa de nome Azurro HD mudou-se para lá, aproveitando a incrível abundância de largura de banda do prédio para ajudar emissoras de televisão a transferir eletronicamente uma grande quantidade de vídeo, em vez de fitas físicas enviadas durante a noite. A pequena sala da empresa funcionava sem parar e, quando entramos para dar um olá, o técnico em serviço tinha um filme em sua enorme série de telas, no estilo controle de missão: o *thriller* de espionagem de 1975, *Três dias do Condor*. Dentro de um dos maiores "conectores de informações" do mundo, todos ficamos vendo por um bom tempo o agente da CIA, interpretado por Robert Redford, andar de mansinho pela praça das torres do World Trade Center.

No saguão do elevador, Gilbert abriu uma porta de aço com dobradiças, onde deveria estar a porta deslizante do elevador. Atrás dela havia um poço aberto, atravessado por uma plataforma em grade, com corrimões na altura da cintura, feitos de canos finos. Subimos ali e, assim, havia abaixo de nós 25 andares de escuridão – ignorando-se, é claro, a luz oculta dentro das milhares de fibras iluminadas. A parede do poço era revestida por conduítes de aço e tubos plásticos, conhecidos como condutos internos – alguns laranja, outros vermelhos, ou brancos sujos, e, de vez em quando, abertos, revelando grossos cabos pretos em feixes. As redes que querem instalar um novo cabo precisam protegê-lo dentro do conduto interno, mas a maioria optava por uma camada a mais de aço. Os cabos curvavam-se de seus caminhos verticais e se uniam às bandejas de fibra, no teto, sobre o espaço do data center, como se uma rampa de saída de uma via expressa se voltasse para o ar.

Gilbert e eu fomos então ao porão – ao lugar onde a MCI rompeu uma brecha na fortaleza da AT&T. Perdi a conta das portas por que passamos, mas eram pelo menos seis quando ele afastou um cone de segurança laranja, escolheu a chave certa em um imenso chaveiro e abriu uma porta sem placa. Quando a luz acendeu, vi uma sala grande, feito um closet para gigantes. O teto alto terminava em uma prateleira, perto da parede da rua, o tipo de lugar que uma criança podia converter em um sótão. Os cabos de fibra óptica sob a rua atravessam as fundações do prédio por um tubo especial chamado "ponto de entrada". Na categoria de imóvel singular e caro de Nova York – 800 dólares mensais por vaga de estacionamento e sala de 18 metros quadrados –, esses canos curtos assumiam o topo da lista dos mais estranhos e mais caros. Nos primeiros tempos dos grandes prédios de fibra óptica, isto é, em meados da década de 1990, os senhorios mal davam por sua existência, aprovando solicitações de instalação de novos cabos sempre que necessário. Mas à medida que as redes proliferaram em prédios como esse, eles foram entendendo cada vez mais o seu valor. Gilbert não foi específico, mas soube que 100 mil dólares por ano não era inaudito – para uma extensão igual à envergadura de seus braços.

"Quando compramos o prédio, a sala inteira era cheia de cabos com essas etiquetas – *Des Moines*, *Chicago*; eles iam direto a essas cidades. Devíamos ter guardado alguns", disse ele com tristeza.

Em vez disso, contrataram três homens para vir todo dia e cortar os antigos cabos, testando e verificando cada um deles para ter certeza de que ainda não estavam cheios de telefonemas antes de ser retirados. Precisaram de três técnicos durante dois anos para recolocar a sala em seu estado vazio, repintando as paredes de blocos de concreto na mesma tinta cinza industrial do porão de qualquer lugar. E então chegou a fibra nova. Olhei para o ponto em que o teto encontra a parede. Um monte imenso e retorcido de cabos pretos, rotulados com etiqueta de papel grosso presa com fios retorcidos, brota do alto. Havia cilindros de aço e caixas de conexão de fibras de plástico resistente, tudo misturado, ao descerem ao subsolo da rua. Enrolavam-se uns nos outros, deixando pedaços de folga que podiam ser cortados e unidos quando necessário. Outros cabos eram grossos e inflexíveis. Em uma parede tinham sido instalados suportes de metal verticais para escorar cabos adicionais que corriam em filas organizadas, como mangueiras de jardim. Se o espaço equivalente em Ashburn tinha todo o caráter intrínseco de um banheiro de shopping, a forma estranha dessa sala revelava sua longa história, a construção e a reconstrução, os fantasmas esvoaçantes de telefonemas de um século atrás e o remanescente de 10 mil noites de trabalho na rua ali em cima. Aquilo me lembrou o quanto a presença da Internet física era definida pelos espaços intermediários – fosse dentro dos roteadores ou no ponto de entrada do prédio. Estive em muitos lugares secretos de Nova York, mas poucos tinham esse tipo de presença. Em parte, era o jeito misterioso com que chegamos lá – passando pela entrada do metrô, subindo uma escada, descendo outra, passando por outra porta, uma com placa, outra não, com as chaves tilintando, recebidos pelo barulho de um trem de metrô e o bruxulear das luzes, depois a leve tensão no ar, enquanto Gilbert se perguntava o que exatamente eu queria ver ali – e se seria mesmo uma boa ideia me mostrar. Mas o que me empolgou foi principalmente o que vi – ou imaginei – naquela imensa cascata de cabos grossos: uma parte incompreensível de todas as coisas inumeráveis que enviamos pelos fios. Mais uma vez, percebi que as palavras que usamos para descrever as "telecomunicações" não fazem justiça a sua relevância em nossa vida, e certamente não fazem em relação a sua presença corpórea. Mas de novo não era hora de me demorar ali. Ficamos 45 segundos na sala antes de Gilbert recuar da porta e colocar o dedo no interruptor de luz. "Então, basicamente é isso", disse ele, e a luz apagou.

Considerado em certa escala, pouco depois da parede de fundação do número 32 da Avenue of the Americas, havia os conduítes sob as ruas. Era uma dessas esquinas misteriosas de Lower Manhattan, que parecem existir, peculiarmente, na dimensão Z – onde galerias tortas levam a barbearias perdidas no tempo e no espaço. Seguindo as paredes ladrilhadas em ângulos estranhos, ouvindo um trem de metrô acabar de fazer a curva, você nunca sabe o quanto imergiu nas entranhas da cidade, como se o mundo nas ruas continuasse para sempre. Mas no tempo que você passou andando, mesmo que apenas por um minuto, pode ter acontecido uma jornada muito mais longa, repetida muitas vezes. Porque, visto de outra maneira, pouco além da parede de fundação da Avenue of the Americas 32, ficava Londres.

Segundo a TeleGeography, a rota de Internet internacional de tráfego mais pesado fica entre Nova York e Londres, como se as cidades fossem as duas pontas do tubo de Internet mais brilhante de luz. Para a Internet, como para muitas outras coisas, Londres é a junção entre leste e oeste, lugar onde as redes que atravessam o Atlântico se ligam com as que se estendem da Europa, da África e da Índia. Um pouco de Mumbai a Chicago passará por Londres e depois por Nova York, como de Madri a São Paulo e de Lagos a Dallas. A gravidade imposta às cidades age na luz, como em todo o resto.

Mas, apesar disso, a manifestação física da Internet nas duas cidades é inteiramente diferente. Comecei pelo pressuposto de que Londres é o velho mundo, e Nova York o novo. Mas com a Internet a verdade parece ser o contrário. Se em Amsterdã a Internet estava oculta em prédios industriais baixos, nos arredores irregulares da cidade e em Nova York ela colonizou palácios *art déco*, em Londres ela formou um distrito único, concentrado e autocontido – um "espólio" comercial, no jargão britânico – a leste do Canary Wharf e da City, conhecido formalmente como East India Quay, mas, para os engenheiros de rede e para a maioria dos outros, apenas como "Docklands". Era uma aglomeração imensa, um bairro inteiro da Internet. Perguntei-me o que havia em seu cerne. E até onde eu poderia ir em seu centro.

Chegando a Londres uma estação depois, aproximei-me do distrito de forma adequadamente futurista, andando num dos trens sem condutor do sistema Docklands Light Railway. Rapidamente deixava para trás os corredores elegantes e ladrilhados em arco do antigo metrô, e deslizava para o leste, atrás das torres cintilantes de Canary Wharf, com os nomes de grandes bancos internacionais iluminados no alto. Era uma espécie de utopia corporativa, uma paisagem urbana retirada das páginas de um romance de J. G. Ballard, "ocupando uma área de três quilômetros quadrados de docas e armazéns abandonados pela margem norte do rio" – isso é de *High Rise*, de Ballard, publicado em 1975.[6] Seus "arranha-céus se destacam no perímetro leste do projeto, dando para um lago ornamental – atualmente uma bacia de concreto vazia, cercada por estacionamentos e equipamento de construção". E "a escala imensa da arquitetura de concreto e vidro, e sua posição evidente numa curva do rio, nitidamente separado das habitações das áreas arruinadas em volta, casas decadentes com varandas e fábricas vazias do século XIX, já demarcadas para recuperação".

Não era um lugar generoso. Repetidas vezes, me vi do lado errado de uma cerca alta de aço, encarando um segurança invisível pelo olho de vidro oco de uma câmera de vigilância, ou entrando resignadamente num ônibus vazio de Londres com um golpe de meu cartão de passagem – sempre puxado de volta ao Sistema, sempre na Grade. Sem dúvida, esse é um mundo de Ballard, embora com uma função além de sua imaginação. O East India Quay é iconicamente "supermoderno", o termo dúbio usado para descrever uma paisagem de arquitetura lustrosa e solidão profunda, com câmeras de vigilância ubíquas e almas perdidas. Em *High Rise*, Ballard descreve o protagonista com a sensação de ter "avançado 50 anos no tempo, afastando-se das ruas movimentadas, os engarrafamentos de trânsito e as jornadas da hora do rush no metrô", afastando-se da metrópole suja e velha, entrando num futuro mais limpo. A descrição de Ballard parecia tão sinistramente presciente que era difícil acreditar que a área só acabou quase 20 anos depois. Não há como confundir esse quase futurismo no ar do East Indian Quay – o caráter inodoro, distinto, de controle corporativo, o senso de um lugar definido por forças invisíveis. A cada curva o lugar parecia ávido para provar que a realidade é mais estranha do que a ficção. Ou seria possível que a realidade fosse modelada com base na ficção? Do outro lado do Tâmisa ficava o teto de paisagem lunar e branco do Millenniun Dome, assentado precisamente no meridiano zero – como uma afirmação cósmica de sua importância. A estação East India em si fica a uns 100 metros do hemisfério oriental. Os grandes prédios da Internet contornam uma praça vazia, parecendo um showroom de fogões gigantes para chefs, cada um com mais aço do que o outro. Não têm placas, o que é uma pena, pois o nome de seus ocupantes é algo que Ballard podia ter inventado: Global Crossing, Global Switch, Telehouse. Não vi pedestres e havia pouco trânsito, só o ocasional furgão branco com um logo de empresa de telecomunicações, ou um ônibus vermelho de dois andares seguindo lentamente a seu terminal. As próprias ruas tiraram os nomes das especiarias que enchiam as docas da Companhia das Índias Orientais que antigamente ficavam aqui: Nutmeg Lane, Rosemary Drive, Coriander Avenue. Mas o único remanescente tangível desse passado era um resto do muro de tijolos que cercava as docas. Ao lado de um lago artificial, ameaçado por salgueiros-chorões, uma escultura de bronze de duas figuras angelicais dá uma nota vagamente esperançosa – uma *Deusa da Vitória* do data center.

O bairro nasceu como *hub* de rede em 1990, quando um consórcio de bancos japoneses abriu a Telehouse, uma torre de placas de aço especialmente projetada para abrigar computadores *mainframe*. Uma foto aérea da época mostra a torre brotando de um terreno ermo, tendo apenas o Financial Times Print Works como vizinho (que desde então transformou-se num prédio da Internet). Os bancos vieram, em parte, devido ao status mais elevado das Docklands, como zona empresarial que trazia incentivos financeiros significativos, o que quer dizer que levou à sua renovação depois da ida do embarque de produtos para as docas de águas profundas, no Tâmisa. Mas eles na verdade vieram por um motivo mais conhecido: o local ficava numa espécie de eixo rodoviário de comunicações de Londres, a fibra correndo como um rio subterrâneo, por baixo da via expressa A13. O que era verdade em Nova York também era verdade aqui: *as pessoas vão aonde as coisas estão*. E a Telehouse simplesmente foi.

Quase na época da conclusão do prédio, a City foi abalada por uma série de atentados terroristas a bomba, do Exército Republicano Irlandês, levando os bancos a uma correria para instalar estações de backup para "recuperação de desastre". A Telehouse logo se encheu de corredores de comércio, cada mesa um espelho de outra na City. Aqueles primeiros pedaços robustos de infraestrutura de telecomunicações semearam o prédio para o que viria a seguir: primeiro, a desregulamentação do sistema de comunicações britânico. E então, a Internet. Fora da influência da British Telecom, a Telehouse tornou-se o lugar ideal para as novas empresas de telefonia competitivas conectarem fisicamente suas redes. Todas aquelas linhas telefônicas atraíram um dos primeiros provedores britânicos de Internet, a Pipex, que ali localizou seu "conjunto de modems": algumas dezenas de caixas do tamanho de livros, fixadas numa estrutura de compensado, cada uma delas ligando uma única linha telefônica a uma conexão de dados compartilhada. A Pipex tirava proveito da infraestrutura de telecomunicações do prédio, canalizando as linhas telefônicas locais nos links de dados internacionais – o que significava, na época, um circuito transatlântico de volta à MAE-East. Iniciou-se, aí, o crescimento recombinante familiar da Internet física. As decisões informais de montar sua infraestrutura, de alguns engenheiros de rede, tiveram forte impacto no formato futuro da Internet.

A posição da Telehouse, como centro, teve sua sanção semioficial em 1994, quando a London Internet Exchange, ou LINX, foi ali estabelecida usando um *hub* doado pela Pipex, instalando-se ao lado de seu conjunto de modems. Na época, uma rede só podia se unir à *exchange* se tivesse conectividade "fora do país" – o que, na prática, significava seu próprio link com os Estados Unidos. A regra era notoriamente esnobe, o suficiente para inspirar o lendário chiste de que a LINX era administrada como um "clube campestre de cavalheiros". Mas teve uma consequência importante, embora involuntária: os maiores provedores de Internet começaram a usar a Telehouse para revender suas conexões internacionais a provedores menores. Aquela que não fosse uma rede grande o bastante para cruzar sozinha, o Atlântico (e portanto, para poder trocar tráfego pela *exchange*), podia pelo menos se conectar com alguém que o fazia, alugando um rack na Telehouse e instalando seu equipamento. O último passo era o mais físico. "Você podia entrar na Telehouse e conseguir conexão arrastando um pedaço de fibra pelo chão", lembrou-me Nigel Titley, um dos fundadores da LINX. Quando, antes do final de 1994, a BTNet – o novo serviço de Internet da British Telecom – alugou por Londres uma linha de dois megabits, e instalou um roteador bem ao lado do da Pipex, ficou claro que a Telehouse tinha chegado plenamente. Quando novos cabos de fibra transatlânticos começaram a entrar na água, alguns anos depois, era evidente onde iam terminar. O hemisfério oriental tinha um novo centro da Internet. Na Telehouse tudo isso se reuniu, uma malha infinita de pequenas telefônicas, negociantes de *commodities*, pornógrafos, plataformas de comércio e hospedagem de websites, cristalizados em um cérebro global com quase o mesmo número de neurônios.

Hoje, todos que se conectam à comunidade de *Internetworking*, em Londres, têm uma máquina na Telehouse – e, portanto, uma chave. Quase todo engenheiro de rede com quem fiz contato em Londres ofereceu-se para me mostrar como era por dentro. Um portão se abre para permitir a entrada dos carros, mas eu entrei por uma catraca de corpo inteiro, destrancada por um segurança que olhava atentamente de dentro de uma guarita. A Telehouse cresceu e se tornou um complexo de vários prédios com uma cerca alta de aço. A segurança era intensa. Em 2007, a Scotland Yard descobriu uma trama da al-Qaeda para destruir o prédio, de dentro. A julgar pelas provas colhidas de uma série de discos rígidos, apreendidos em uma batida nos radicais islâmicos, eles realizaram uma intensa vigilância na Telehouse, bem como em um complexo de terminais de petróleo, no mar do Norte. "Empresas de *colocation* relevantes, como a Telehouse, são estrategicamente importantes no coração da Internet", disse o diretor de serviços técnicos da Telehouse ao *Times* de Londres.[7]

Atravessei um estacionamento estreito até um reluzente hall de recepção de dois andares, com paredes de vidro em três lados e grandes fícus nos cantos. Fui recebido por Colin Silcock, um jovem engenheiro de rede da London Internet Exchange, que se ofereceu para me mostrar um de seus núcleos – o descendente da caixa original da Pipex. Entramos em um par de tubos de vidro paralelos, cada um deles com largura suficiente para uma só pessoa, com portas na frente e atrás, que giravam e se abriam, como uma porta giratória de segurança de banco, e um piso de borracha oscilante, que flutuava, solto das paredes laterais – uma balança que o pesava quando você entrava e saía do prédio, para se certificar de que não estivesse saindo com algum equipamento pesado (e caro). Enquanto ficávamos ali, presos, por um longo momento de silêncio, esperando que o computador invisível terminasse de verificar nossos respectivos peso e identidades, Silcock me lançou um olhar de surpresa pelo vidro redondo. Eu tinha soltado uma gargalhada descontrolada. Não conseguira reprimir: eu estava dentro de um tubo! Mas, ao entrarmos mais fundo no prédio, os penduricalhos high-tech da Telehouse sumiram e entrara em foco uma realidade mais dura. Onde o bairro lá fora parecia inteiramente controlado – limpo, antidickensiano –, por dentro a Telehouse tinha uma atmosfera com tendência mais rebelde. O prédio original da Telehouse, agora conhecido com Telehouse North, com o passar dos anos foi unido a outros dois, cada um deles maior e mais sofisticado do que o primeiro: o Telehouse East, inaugurado em 1999, e o Telehouse West, aberto em 2010. Os três contavam uma curta história da arquitetura da Internet. O original tinha uma dívida com o estilo high-tech, que ficou famoso com o Centro Pompidou. Tinha venezianas de aço e um caráter de máquina. Por dentro era decididamente gasto, com carpete cinza puído, paredes brancas amareladas e imensos feixes de cabos de cobre, sem uso, saindo de painéis quebrados do teto. O prédio de meia-idade era arrumado e despojado – dentro dele, um estudo em linóleo. O mais novo tinha uma fachada sem janelas, com painéis de aço, como pixels. Tinha cheiro de tinta e hortelã, suas salas movimentadas, de técnicos empurrando carrinhos com pilhas de equipamentos novos em folha. Um sistema radial de passarelas e escadas ligava os prédios. Lembrou-me um hospital, com pesadas portas contra fogo e camadas arqueológicas de sinalização e ferragens marcando as paredes. Mas em vez de médicos e enfermeiros, havia técnicos de rede, quase todos homens, meticulosamente arrumados, com cabelo curto e cavanhaque, parecendo estar prestes a sair para um clube, ou talvez tenham vindo diretamente dele. O estacionamento exibia seu gosto por carros *tunados*, e eles carregavam smartphones volumosos e incomuns e grandes mochilas de laptop. Quase universalmente, usavam camiseta preta e moletom de zíper com capuz, o ideal para passar longas horas no chão duro das salas do servidor, de frente para o sopro seco do exaustor de um enorme roteador.

Como que voltando no tempo, Silcock e eu entramos na Telehouse North por uma passarela com teto de metal exposto e janelas sujas dando para o estacionamento. Seguimos o caminho de um suporte em escada cheio de cabos roxos – a única cor no ambiente pálido. O corredor era tomado de caixas de papelão e cavaletes com dizeres "cuidado" espalhavam-se pelo piso frio e rachado. Um segurança estava sentado em uma cadeira de espaldar reto, lendo um romance de espionagem em brochura. Pelo visor de uma porta, vi mesas vazias, um vestígio restante do papel como espaço de recuperação de desastres deste prédio. Mas a maioria das salas estava cheia de corredores e mais corredores formados de racks altos, apinhados da mesma variedade de equipamento que vi em Palo Alto e Ashburn, Frankfurt e Amsterdã. Nos cantos, imensos feixes de fios se derramavam do teto, firmes e largos, como troncos de árvores numa floresta. Grande parte deles estava fora de serviço; uma piada popular dizia que havia uma fortuna para quem quisesse retirar cobre na Telehouse. As ruas lá fora estavam em um raro momento em que Londres parecia vazia, calma e binária, mas esse mundo virtual, ali dentro, era agitado e caótico. Era uma parte surpreendentemente vulgar da Internet. Entendi o que um engenheiro quis dizer quando descreveu a Telehouse North como "o Heathrow dos prédios da Internet". Mas era incrivelmente importante. O status do prédio como um dos mais conectados do planeta desculpa os pedaços quebrados do piso. A essa altura, ele é o que é – e é quase impossível de mudar. Seria como reclamar que as ruas de Londres são estreitas demais.

Finalmente chegamos ao espaço do tamanho de um quarto de hotel da London Internet Exchange, apertado, mas acolhedor, abarrotado dos detritos das longas horas de engenheiros passadas ali. Cabos azuis de Ethernet pendiam como colares em uma série de ganchos, junto dos casacos. Silcock mostrou-me alguma coisa, identificando as diferentes partes de equipamento e contando algumas histórias da *exchange*. Chegava a hora do almoço, eu estava com fome e quase saí sem notar. Mas, enfiada na ponta de um corredor estreito de equipamento, piscando inocentemente ao longe, estava outra daquelas máquinas do tamanho de geladeiras: uma Brocade MLX-32, de um prédio de paredes espelhadas em San Jose, Califórnia. Silcock apoiou o laptop numa caixa de ferramentas e olhou seus números de tráfego ao vivo. Movimentando-se pelo *switch*, naquele instante, havia 30 gigabits de dados por segundo, de um total de 800 gigabits por toda a London Internet Exchange. No fundo do coração da Telehouse eu podia ouvir a voz de Par Westesson em meus ouvidos, clara como se ele estivesse ao telefone. *Um giga é 1 bilhão*, disse ele. Um bilhão de bits feitos de luz.

6

Os tubos mais longos

O cabo de telecomunicações submarino conhecido como SAT-3 estende-se pela costa do Atlântico, da África à margem ocidental da Europa, ligando Lisboa, em Portugal, à Cidade do Cabo, na África do Sul, com paradas pelo caminho em Dakar, Accra, Lagos e outras cidades da África Ocidental. Quando foi concluído, em 2001, tornou-se o link mais importante para os 5 milhões de usuários da Internet na África do Sul, mas um link terrivelmente insuficiente. O SAT-3 era um cabo de capacidade relativamente baixa, com apenas quatro filamentos de fibra, enquanto os maiores cabos submarinos de longa distância podiam ter até 16 filamentos. Pior, sua minguada capacidade foi ainda mais reduzida pelas necessidades dos outros países conectados pelo SAT-3, antes da chegada à Cidade do Cabo. A África do Sul era o equivalente, em largura de banda, a um chuveiro no sótão. O país enfrentava uma "crise de largura de banda" amplamente discutida, com pouca capacidade de uso e preços exorbitantes. Isso aborrecia Andrew Alston mais do que alguém. Como diretor de tecnologia da TENET, a rede de pesquisa universitária da África do Sul, Alston foi um escravo do SAT-3 desde sua conclusão, comprando quantidades cada vez maiores de largura de banda para atender às crescentes necessidades de todo o sistema acadêmico. Em 2009, Alston pagava quase 6 milhões de dólares por ano por uma conexão de 250 megabits.

E então chegou um novo cabo, o SEACOM. Corria a costa leste da África, parando no Quênia, em Madagascar, Moçambique e Tanzânia antes de se ramificar a Mumbai e passar pelo Canal de Suez rumo a Marselha. Alston alugou uma conexão de 10 gigabits – 40 vezes a largura de banda que tinha com o SAT-3, pelo mesmo preço. Mas o "circuito" tinha termos geográficos muito específicos: ligava o ponto de chegada do cabo na aldeia costeira de Mtunzini, a 140 quilômetros de Durban, diretamente à Telehouse em Londres, onde a TENET tinha conexões com mais de 100 outras redes. Isso deixou a Alston a tarefa de completar o link final entre Mtunzini e Durban, onde ficava seu roteador mais próximo. O cabeamento completo e a configuração do equipamento de fibra óptica consumiram 40 horas consecutivas. No fim, ele estava sentado de pernas cruzadas no chão, meio delirante, ao lado de seu equipamento, quando uma luz indicou que a conexão era ativa – pelos 16 mil quilômetros até Londres. "Devia ser umas quatro e meia da tarde, e... cabum!... eu podia ver as duas pontas do link", lembrou. Ele tentou fazer alguns testes, mas rapidamente estourou o equipamento; a capacidade excedia em muito o que seu computador podia gerar artificialmente. Foi como tentar tapar um poço de petróleo com o dedo.

Ele me contou essa história ao telefone de seu escritório em Durban, enquanto eu estava em meu escritório no Brooklyn. A linha telefônica estava clara, os dois hemisférios e os cerca de 25 mil quilômetros de cabo entre nós produzindo apenas o mais leve retardo perceptível. Mas eu estava consciente da distância para ficar ainda mais chocado com o mero caráter físico do que ele descrevia. Todos nós lidamos constantemente com a abstração de uma conexão de Internet que é "rápida" ou "lenta". Mas, para Alston, a aceleração veio com a chegada de uma coisa imensuravelmente longa e fina, um caminho singular pelo fundo do mar. Os cabos submarinos são os totens definitivos de nossas conexões físicas. A Internet só é um fenômeno global porque existem tubos no fundo do mar. Eles são o meio fundamental da aldeia global.

A tecnologia de fibra óptica é incrivelmente complexa e depende dos mais recentes materiais e tecnologia de computação. Entretanto, o princípio básico dos cabos é chocante de tão simples: a luz entra no mar por uma praia e sai em outra. Os cabos submarinos são recipientes simples para a luz, como um túnel de metrô o é para os trens. Em cada extremidade do cabo fica uma estação de aterragem, mais ou menos do tamanho de uma casa grande, em geral localizada discretamente em um bairro litorâneo tranquilo. É um farol; seu propósito fundamental é iluminar os filamentos de fibra óptica. Para fazer a luz viajar enormes distâncias, milhares de volts são enviados pela capa de cobre do cabo a repetidores de energia, cada um do tamanho e mais ou menos com a forma de um atum-vermelho. Um deles fica no leito oceânico, a intervalos de aproximadamente 80 quilômetros. Dentro de seu estojo pressurizado fica uma pista em miniatura do elemento érbio que, quando energizado, ativa o movimento dos fótons, como uma roda-d'água.

Tudo isso me parece maravilhosamente poético, a junção definitiva dos mistérios insondáveis do mundo digital com os mistérios ainda mais insondáveis dos mares. Mas com uma distorção: apesar de toda a imensidão percorrida por cabos, eles eram uns camaradinhas magrelos. E nem são tantos assim. Os cabos atravessam os mares e desembarcam em pontos incrivelmente específicos, atando-se a uma fundação de concreto, dentro de um bueiro perto da praia – uma construção em escala muito mais humana. Eu os imaginava como elevadores à Lua, fios diáfanos desaparecendo no infinito. Em sua escala continental, invocavam a imagem de *O grande Gatsby*, de um espaço "proporcional à capacidade [do homem] de se assombrar".[1] Nossos encontros com esse tipo de geografia, em geral, vêm com imagens mais familiares, como uma faixa de rodovia, um trecho de ferrovia ou um 747 estacionado, em expectativa, junto ao portão do aeroporto. Mas os cabos submarinos eram invisíveis. Mais pareciam rios do que caminhos, contendo um fluxo contínuo de energia, e não o ocasional veículo de passagem. Se o primeiro passo na visita à Internet era imaginá-la, então os cabos submarinos sempre me pareceram seus lugares mais mágicos. E ainda mais quando percebi que seus caminhos em geral eram antigos. Com algumas exceções, os cabos submarinos desembarcam perto ou em cidades portuárias clássicas, como Lisboa, Marselha, Hong Kong, Cingapura, Nova York, Alexandria, Mumbai, Chipre ou Mombaça. No dia a dia, pode parecer que a Internet mudou nossa compreensão do mundo, mas os cabos submarinos mostraram que essa nova geografia foi inteiramente traçada sobre o contorno da antiga.

Apesar de toda essa magia, minha viagem para ver os cabos começou em um complexo comercial no sul de Nova Jersey. O prédio era a verdadeira Internetlândia – sem placas, reluzente, perto da beira da rodovia, sem aparentemente ninguém por perto, exceto o cara do FedEx. Pertencia à Tata Communications, o braço de telecomunicações do conglomerado industrial indiano que, nos últimos anos, fez forte pressão para ser um importante concorrente entre os *backbones* de Internet global. Em 2004, a Tata pagou 130 milhões de dólares pela Tyco Global Network, o que incluía quase 65 mil quilômetros de cabo de fibra óptica, abrangendo três continentes, inclusive importantes links submarinos, pelos oceanos Atlântico e Pacífico.[2] O sistema era brutal. A Tyco era mais conhecida por fabricar cabos, e não ser dona deles, mas como parte das benesses corporativas convertidas em ilegalidade, sob o comando do CEO Dennis Kozlowski – que foi condenado por roubo e fraude em seguros e preso em 2005[3] –, a Tyco gastou mais de 2 bilhões de dólares construindo uma rede global própria, em uma escala sem precedentes. O pedaço da rede conhecido como TGN-Pacific, por exemplo, consistia em um circuito de 65 mil quilômetros, de Los Angeles ao Japão e voltando ao Oregon – duas travessias completas do Pacífico. Concluído em 2002, tinha oito pares de fibras, o dobro do número de seus concorrentes. Do ponto de vista da engenharia, a Tyco Global Network – rebatizada de Tata Global Network – era grandiosa e bela. Mas, financeiramente, o projeto foi um desastre completo, perfeitamente sincronizado com o ponto baixo da indústria da tecnologia em 2003. Como gostam de dizer os ingleses, que dominaram o setor de cabos submarinos, a capacidade que eles vendem, em geral, é "barata feito batata".

Simon Cooper era o inglês da Tata, com a tarefa de fazer com que o investimento da empresa se pagasse. O tráfego de Internet crescera continuamente na década anterior, mas os preços caíram com igual velocidade. A Tata planejava resistir, encontrando os lugares no mundo com potencial latente. Sua estratégia era ser a rede de telecomunicações que finalmente ligaria o "sul global", as regiões mais pobres – e menos conectadas –, especialmente a África e o sul da Ásia. Cooper consumia seu tempo tentando decidir que países conectar em seguida. Recentemente, começou um programa de construção ambicioso para suplementar a rede original da Tyco com outros cabos – esticando-os pela terra como luzes em volta de uma árvore de Natal.

Em Nova Jersey, esperei alguns minutos na copa do escritório, vendo um grupo de engenheiros indianos tomar chá. Em seguida, pouco antes das 10 horas, fui convidado a uma sala de reuniões dominada por três televisores de tela plana gigantes, lado a lado, dando para uma mesa comprida. Cooper aparecia sentado na tela do meio. Estava no início dos 40 anos, tinha uma cabeça reluzente e um sorriso animado, e parecia um tanto cansado, sozinho em uma sala em Cingapura, tarde da noite, vindo me ver pelo link de videoconferência de ponta da Tata. Já havíamos conversado uma vez. Naquela ocasião, Cooper estava em um saguão de aeroporto em Dubai à meia-noite. Parecia estar constantemente em movimento, física e mentalmente, como se fosse a encarnação humana da própria rede. Acho que o fato de eu estar falando com um televisor tinha alguma coisa a ver com isso, mas não conseguia me livrar da ideia de Cooper como um homem dentro da Internet. Em um negócio cheio de confusão, ele era bem-humorado e franco. Eu sabia o motivo: a Tata estava ansiosa para competir com as AT&Ts e Verizons da vida, o que significava melhorar o reconhecimento de seu nome nos Estados Unidos – e receber quaisquer jornalistas que os procurassem.

"Colocamos o cinto em volta do mundo, e agora estamos puxando um pouquinho dos dois lados", disse Cooper com indiferença, falando do planeta como se fosse seu jardim. A Tata tinha estendido seu cabo entre os Estados Unidos e o Japão, com um novo link para Cingapura, com a Chennai entrando depois. Em seguida, de Mumbai, outro cabo da Tata passava pelo canal de Suez, para Marselha. Dali, as rotas seguiam pelo continente até Londres e, por fim, conectavam-se ao cabo transatlântico original, que ligava Bristol, na Inglaterra, a Nova Jersey. Cooper fazia com que isso não parecesse grande coisa, mas ele construíra um feixe de luz em volta do mundo.

Para "subir e descer", a Tata comprou uma parcela da SEA-COM, o novo cabo para a África do Sul, bem como outro cabo novo descendo à costa oeste da África, pretendendo se livrar do

SAT-3. Eles estavam avançando para o golfo Pérsico, planejando um novo cabo, que conectaria Mumbai a Fujairah, na margem oriental dos Emirados, e em seguida pelo estreito de Ormuz, ao Qatar, Bahrein, a Omã e à Arábia Saudita. O cabo iria de um porto a outro do golfo, como um paquete.

"Existem muitos benefícios em ser global", disse Cooper, de dentro da tela, agitado à mesa, do outro lado do mundo. "Estamos conectados a 35 das maiores *Internet exchanges* do mundo, então você pode chegar à DE-CIX, AMS-IX ou a Londres, onde quer que termine sua milhagem, ou os últimos 3 mil quilômetros. E vamos falar de nossa restauração global, nossa capacidade mundial." Em outras palavras, a Tata prometeria que, se sua via de Tóquio à Califórnia fosse obstruída de alguma maneira – por um terremoto, digamos –, eles enviariam tranquilamente seus bits pelo outro lado. Isso me lembrava de dois voos da Singapore Airlines de Nova York a Cingapura: um vai para o leste, o outro, para o oeste. Mas só com a Internet é que tratamos a escala do planeta com tanta despreocupação – e só porque temos links físicos como esses.

Para a Tata, tudo era um esforço para conectar os lugares não conectados – e portanto livrar-se dos preços em queda das rotas geralmente abarrotadas pelo Atlântico e o Pacífico. "Veja o Quênia", disse Cooper. "Em agosto último, tinha apenas satélite. De repente é tão bem servido como a maioria dos outros litorais do mundo, com a exceção de áreas quentes, como Hong Kong, que tem 10 ou 12 cabos. Mas foi do zero a três cabos, em 18 meses. Isso torna o país parte da rede global. Nem todo cliente quer um link do Quênia a Londres, mas como se pode fazer isso – e faz consistentemente bem –, as pessoas começam a pensar em coisas como call centers, que estão constantemente procurando lugares com custo de serviço mais baixo. A demanda aparece."

Os cabos submarinos ligam pessoas – primeiro nas nações ricas –, mas a terra em si sempre se interpõe. A determinação da rota de um cabo submarino requer navegar por um labirinto de economia, geopolítica e topografia. Por exemplo, a curvatura do planeta faz com que a distância mais curta entre o Japão e os Estados Unidos seja um arco norte, em paralelo com a costa do Alasca, desembarcando perto de Seattle. Mas Los Angeles tem sido, tradicionalmente, a maior produtora e consumidora de largura de banda, exercendo uma pressão para o sul, sobre os primeiros cabos. Com a TGN-Pacific, a Tyco resolveu o problema de forma cara, construindo ambos.

O que complica ainda mais a geografia é a exigência de baixa "latência", o termo de rede que designa quanto tempo a informação leva para viajar pelo cabo. A latência costumava ser uma preocupação apenas das pessoas que usavam estritamente o telefone, ansiosas para evitar um atraso nada natural nas conversas. Mais recentemente, porém, tornou-se uma obsessão do setor financeiro, para atender às necessidades de transações automatizadas de alta velocidade, onde os computadores arbitram com base no conhecimento das notícias do mercado, com um milissegundo a mais de antecipação. Como a velocidade da luz por um cabo é consistente, a diferença está inteiramente no tamanho da via. A rota da Tata, de Cingapura ao Japão, é mais direta do que a dos concorrentes, o que também lhe dá um tempo de viagem mais curto para a Índia. Mas o cabo transatlântico da Tata é frustrante de lento. A Tyco, originalmente, conectava-o a uma estação de aterragem em Nova Jersey, perto de sua sede corporativa. Mas, comparada com os cabos transatlânticos que chegavam a Long Island, quando um bit descia a costa e voltava à cidade, a rota efetivamente deixava Londres e Nova York com mais 3 mil quilômetros de distância. Na época, ninguém pensou que isso importasse. "Agora, sou espinafrado nas reuniões, porque existe um milissegundo a mais na comparação com nossos concorrentes", disse Cooper, esfregando a testa. O primeiro novo cabo transatlântico em uma década será instalado em 2012 por uma pequena empresa chamada Hibernia-Atlantic. Eles projetaram o cabo do zero para ser o mais rápido.

A microgeografia também é importante. Navios especializados fazem levantamentos do leito oceânico, traçando cuidadosamente rotas por montanhas submarinas e contornando-as – como a planificação de uma ferrovia, mas sem a alternativa de cavar algum túnel. Os caminhos evitam cautelosamente as principais rotas marítimas para limitar o risco de danos por arrasto das âncoras. Porque, se um cabo falhar, um navio de reparo é despachado para erguer as duas pontas à superfície com ganchos e tornar a soldá-las – um processo caro e lento. De vez em quando, a situação fica mais dramática.

Tudo, com exceção de alguns cabos entre o Japão e o restante da Ásia, passa pelo estreito de Luzon, ao sul de Taiwan. Olhando o mapa, é fácil entender por que: a rota sul, que contorna as Filipinas, aumentaria muito a distância – e, portanto, o custo e a latência. Mas o estreito de Formosa, entre Taiwan e a China continental, é perigosamente raso, colocando qualquer cabo em risco de ser apanhado por pescadores. Restam o canal de Bashi e o estreito de Luzon, que, com profundidades de no máximo 4 mil metros, pareciam a via perfeita para os cabos.

Isto é, perfeita até 26 de dezembro de 2006, quando, pouco depois das oito da noite, hora local, um terremoto de magnitude 7,1 atingiu o sul de Taiwan, provocando um grande deslizamento de terra submarino, que cortou sete dos nove cabos que passavam pelo estreito, alguns em vários pontos. Mais de 600 gigabits de capacidade foram derrubados, e Taiwan, Hong Kong, China e a maior parte do Sul da Ásia ficaram temporariamente desconectados da Internet global. A Chunghwa Telecom, de Taiwan, relatou que 98% de sua capacidade com a Malásia, Cingapura, Tailândia e Hong Kong estavam *off-line*. As grandes redes se agitaram para reorientar o tráfego nos cabos que ainda funcionavam, ou enviá-lo pelo mundo de outra maneira. Mas o câmbio do *won* coreano foi temporariamente suspenso, um provedor de serviço de Internet nos Estados Unidos percebeu um decréscimo acentuado em *spams* asiáticos e um provedor de Hong Kong pediu desculpas publicamente pela velocidade lenta do YouTube – uma semana inteira depois. Dois meses se passaram sem que as coisas voltassem ao normal. E o nome "Luzon" ainda provoca uma tremedeira nos engenheiros de rede.

No nível lógico, a Internet é autocurativa. Os roteadores procuram automaticamente as melhores rotas entre si mesmos. Mas isso só funciona se existirem rotas a serem encontradas. No nível dos cabos físicos, reorientar o tráfego significa criar um novo caminho físico, estendendo um novo cabo amarelo da gaiola de uma rede para a gaiola de outra – talvez na instalação da Equinix, em Tóquio, ou na Palo Alto Internet Exchange, ou no interior da One Wilshire, em Los Angeles, todos eles pontos onde as principais redes transpacíficas têm pontos de encontro. De outra forma, os donos de rede enfrentam a tarefa analógica torturante de puxar cabos do leito oceânico com ganchos de aço. Depois de Luzon, a Tata manteve três navios na área durante quase três meses, pegando cabos, unindo-os, baixando-os de novo e passando à ruptura seguinte. Então, quando a Tata planejou um novo cabo na região – o primeiro pós-terremoto – Cooper pensou na rota duas vezes. "Fomos o máximo para o sul que podíamos, o que talvez não seja a rota ideal de Cingapura ao Japão, mas as outras redes ficarão de pé se houver um terremoto perto de nós", ele me disse, sentado em sua cadeira, em Cingapura, igual à minha, em Nova Jersey. "É preciso tomar essas decisões táticas." E depois é preciso voltar as decisões para a economia. O Vietnã tem

8 milhões de pessoas e uma conectividade fraca. "Quem sabe eles não estarão interessados em um novo cabo?", arriscou-se Cooper. Tentei imaginar como seria um novo cabo puxado em uma praia de areias brancas no Vietnã. De todos os momentos de construção da Internet, pareceu-me o mais dramático – a conexão literal de um continente. Perguntei a Cooper se a Tata podia ter um novo cabo sendo aterrado em breve. Com antecipação suficiente, e se eles não se importassem, eu tentaria estar presente para ver.

"Na verdade, temos uma aterragem em breve", disse ele na TV.

"Onde?!", exclamei. Depois fiquei preocupado. E se fosse do outro lado do mundo, talvez em Guam (um grande *hub* de cabo) ou no Vietnã? E se fosse em algum lugar não muito convidativo a jornalistas visitantes que querem ver infraestrutura crítica, como o Bahrein ou a Somália? Mas Cooper ficou calmo. "Depende do clima", disse ele. "Eu o avisarei."

Nesse meio-tempo, parti para o lar espiritual dos cabos submarinos. Se os mais novos links de Internet tendiam a colonizar os cantos do mapa, os antigos se concentravam em lugares mais conhecidos e em um lugar acima de todos os outros: uma pequena angra chamada Porthcurno, na Cornualha, perto da ponta ocidental da Inglaterra, a poucos quilômetros de Land's End. Pelos 150 anos de história dos cabos de comunicações submarinos, Porthcurno tem sido um local de aterragem importante, mas também área de treino – a Oxford e Cambridge do mundo do cabo. Olhando no mapa, eu facilmente entedia o porquê. A geografia não mudou. Land's End ainda era o ponto mais a oeste da Inglaterra, e a Inglaterra ainda era um eixo para o mundo. Segundo a TeleGeography, a rota intercontinental mais movimentada fica entre Nova York e Londres – principalmente do número 60 da Hudson, para a Telehouse North. Vários dos caminhos físicos mais importantes passavam por Porthcurno. Mas visitar uma estação de aterragem de cabo não era tão fácil como entrar nos grandes *hubs* urbanos. As Docklands, Ashburn e outras tinham um fluxo constante de visitantes. A segurança era rigorosa, mas pensava-se neles como lugares naturalmente partilhados, quase públicos. Já as estações de aterragem de cabos eram tranquilamente ocultas, e raras vezes recebiam visitantes. A Global Crossing, então operadora de um importante cabo transatlântico, conhecido como Atlantic Crossing-1, respondeu finalmente a minhas súplicas – talvez a diretoria tenha ficado satisfeita por eu dar atenção a algo além da espetacular falência da empresa, em 2002. Meu contato só pediu que eu tivesse uma conversa com o diretor de segurança, que, por sua vez, "notificaria seus contatos no governo" sobre meus planos. Ah, sim, *aqueles* planos: visitar a Internet.

Pouco tempo depois, eu estava embarcando num trem na estação de Paddington, em Londres, rumo a Penzance. Os arcos de ferro do telhado eram a despedida perfeita. Paddington foi projetada por Isambard Kingdom Brunel, o maior dos engenheiros vitorianos, que também estabeleceu a rota e analisou os trilhos da Great Western Railway para Bristol e além. Mas Kingdom Brunel também projetou o SS *Great Eastern*, o maior navio do mundo na época de sua conclusão, em 1858, especificamente projetado para transportar carvão suficiente para produção de vapor em Trincomalee, no Ceilão (hoje Sri Lanka), e de volta, uma distância de 35 mil quilômetros. Ele e Simon Cooper teriam sobre o que conversar, ainda mais se considerarmos o uso mais famoso do *Great Eastern*: a colocação do primeiro cabo telegráfico transatlântico, cujos 4.300 quilômetros foram enrolados no imenso casco do navio. Cooper teria gostado especialmente das primeiras taxas de transmissão: 10 dólares por palavra, com um mínimo de 10 palavras. No aspecto prático, eu estava a caminho de Porthcurno. Mas estava ciente de que na verdade seguia a trilha de uma ideia mais ampla sobre o triunfo da tecnologia sobre o espaço – e para isso não havia melhor padroeiro do que Kingdom Brunel.

Algumas horas depois, os trilhos davam vista para os mares turbulentos onde o Canal da Mancha se encontra com o Atlântico. A Grã-Bretanha começava a aparentar a ilha que é. A cada quilômetro a vista pela janela tornava-se mais náutica. Fui até a ponta da prancha – uma língua de terra conhecida como a península de Penwith – o ponto mais ocidental da pinça, que parece estar prestes a beliscar os navios que entram no canal. A meus olhos americanos, a paisagem era ancestral, com árvores irregulares, estradas que entravam fundo nos campos e construções agrícolas de pedra, que pareciam afundar. Penzance era o fim da linha. Todas as concessões litorâneas estavam fechadas na temporada, mas a calçada da praia era movimentada de gente andando pela ampla baía. Aluguei um carro na estação e, como era o meio de uma tarde de outono e eu não tinha compromissos naquele período, decidi não me incomodar com um mapa, e mirei apenas o sol, tateando até Porthcurno. Imaginei que seria difícil me perder. Só havia um caminho a seguir. Eu tinha chegado à extremidade da terra.

Porthcurno se aninha na base de um vale, algumas dezenas de casas espremidas numa rua estreita que terminava em uma praia espetacular, uma pequena meia-lua abaixo de penhascos elevados. A vegetação era quase tropical, com arbustos e flores, e a água era azul-turquesa. A Falmouth, Gibraltar and Malta Telegraph Company aterrou seu primeiro cabo ali, para Malta, em 1870. A praia foi escolhida em detrimento de Falmouth, a 65 quilômetros dali, por medo de que o cabo fosse danificado por âncoras no porto movimentado. (Cooper teria feito o mesmo.) Alguns anos depois, 200 mil palavras transmitidas por telegrama passavam por Porthcurno anualmente e novos cabos eram planejados. Em 1900, Porthcurno era o eixo de uma rede telegráfica global que ligava a Índia, as Américas do Norte e do Sul, a África do Sul e a Austrália. Em 1918, 180 milhões de palavras passavam pelo vale anualmente. No início da Segunda Guerra Mundial, Porthcurno – ou "PK", em notação telegráfica, uma referência a seu nome original, Porth Kernow – era a maior estação de cabos do mundo. A empresa então conhecida como Cable & Wireless operava 14 cabos do vale, totalizando 241 mil quilômetros de extensão. Para protegê-los de sabotagem nazista, foram instalados lança-chamas na praia e trouxeram mineradores para cavar a encosta de granito e transferir a estação para o subsolo. Depois da guerra, a Cable & Wireless assumiu as instalações expandidas, convertendo-as em escola de treinamento. Funcionários de todo o mundo convergiam ao vale para fazer cursos, aprender a operar o equipamento e o negócio, antes de ser colocados em estações em ultramar, da Cable & Wireless. A escola ficou ativa até o final de 1993, semeando uma fraternidade de homens que ainda se lembram ternamente de seus dias na Cornualha. Porthcurno é seu lar espiritual e hoje o *bunker* abriga o Museu Telegráfico de Porthcurno, onde grande parte do equipamento original está em exposição e vídeos históricos são exibidos ciclicamente.

Naquela noite, eu era um dos dois comensais do Cable Station Inn, o pub que ocupa o antigo centro de recreação da escola de treinamento, comprado por seus proprietários diretamente da Cable & Wireless. Eles não estranharam minha viagem. Seu vizinho – e um bom cliente, ao que parecia – administrava uma das estações de aterragem e era meio sabe-tudo. "Ele vai falar pelos cotovelos, explicar tudo, mas ele sabe mais do que qualquer um sobre esse tipo de coisa", disse-me o dono do bar. "O Google o consulta!"

"Quem sabe ele não pode lhe mostrar tudo?", arriscou-se a mulher dele.

"Não, não é assim tão fácil", ele a corrigiu.

Visitei os arquivos do Museu Telegráfico na manhã seguinte. Uma aposentada que mexia numa pilha de antigos registros escolares de Porthcurno soltou um grito: o tio dela nascera antes de os avós se casarem. Sentei-me a uma longa mesa de madeira, no antigo prédio da escola, enquanto Alan Renton, o arquivista, pegava caixas de documentos das primeiras aterragens de cabo na praia e mapas de levantamento da baía. O relatório do engenheiro de "Porthcurnow-Gibraltar Nº 4 Cable",[4] instalado em 1919, era um testamento da competência, se isso existisse. O navio de cabo *Stephan* partiu de Greenwich com 1.416.064 "nauts" – milhas náuticas – de cabos, feitos pela Siemens Brothers, no final de novembro. Alguns dias depois, em uma suave brisa nordeste, ancorou na angra de "PK" e mandou a ponta do cabo para terra firme, sustentado na água por 90 tonéis de madeira. Às 5:20 daquela tarde, a âncora foi levantada, o cabo arreado na popa, e o *Stephan* zarpava rumo a Gibraltar, "Tudo ocorrendo satisfatoriamente". Duas semanas depois, chegava à baía de Gibraltar, preparando-se para aterrar a outra ponta do cabo em um dia "bom, luminoso e claro". "Completados os últimos testes e informado o diretor administrativo", concluía o relatório. A instalação de cabos já era rotina (apesar das queixas do engenheiro sobre "os riscos evidentes de deitar cabos em águas profundas no inverno em mares movimentados e o fato de que o *Stephan* é de difícil manobra"). Era um lembrete de que Porthcurno já era o centro de comunicações de um império poderoso há duas gerações – e seria por muito tempo no futuro, embora de forma mais sossegada.

No final daquela tarde, fui para a orla, onde a velha cabana de telégrafo era mantida pelo museu e aberta à visitação nos bons dias de praia. O sol se punha contra os penhascos, e só havia alguns casais olhando a água. Mais acima, na praia, havia uma placa desgastada que dizia CABO TELEFÔNICO, como um aviso aos barcos que passavam. Subi uma escada íngreme instalada nas rochas até uma trilha nos penhascos. Um barco de pesca passou bem abaixo, um pontinho menor do que minha unha. No mar, um grande petroleiro ia para o canal. O oceano era um tapete azul-aço que se estendia ao horizonte, um retrato do infinito. Tentei imaginar os cabos no leito oceânico, em seus últimos metros antes de chegar à terra. Na loja de suvenires do museu, comprei uma pequena amostra do cabo real, montada numa vitrine do tamanho do meu polegar. O envoltório de plástico do cabo foi cortado, revelando o tubo de cobre condutor de eletricidade e as fibras dentro dele. Tinha um diâmetro menor do que uma moeda – mas seguia para sempre. Toda a coisa era, ao mesmo tempo, acessível e inacessível, fácil de apreender em uma dimensão, mas inimaginável na outra. Era como o próprio oceano: a maior coisa da Terra, mas pode ser atravessado por avião em um dia ou eletronicamente, num instante. Como era estranho ser lembrado de que o mundo era grande, enquanto procurava pela Internet, com tanta frequência propalada por tornar o mundo menor. A rede não eliminava a distância, mas deixava suas linhas visíveis, como que em um quadro-negro recém-apagado. Caminhando de volta ao vilarejo, vi um bueiro com a palavra *flexível* forjada na tampa. Ao me aproximar do estacionamento da praia, havia mais bueiros e depois um pequeno equipamento, por dentro de uma cerca de madeira, aninhado nos juncos. Zumbia. Brotando de uma vala, havia imensos caules pré-históricos de

Gunnera, ou ruibarbo gigante, cada um deles maior do que um homem – como se seu crescimento fosse alimentado por baixo, pela luz que passava pela terra.

Naquela noite, na pousada, falei por Skype com minha mulher em Nova York sobre os desenhos que nossa filha fez na creche, a bagunça feita pelo cachorro, o homem que ia consertar um vazamento. Ao contrário de um telefonema, nossa conversa seguia pela Internet; era desimpedida e clara como cristal, composta de algo como 128 mil bits por segundo. Depois disso, só por curiosidade, corri um rastreador para saber se eu podia discernir que caminho tinha tomado. O percurso voltava a Londres – antes de retornar, por aqui, a Nova York. A pousada estava encarapitada quase no alto da estrada, e abaixo dela havia um cordão ligando os Estados Unidos com a Europa. Mas fluía sem parar, como os jatos no alto. Quando apaguei a luz, o vale era tão silencioso que meus ouvidos zuniam.

Na manhã seguinte, o gerente de estação da Global Crossing, Jol Paling, encontrou-me na pousada, e eu o segui em meu carro até as estações de aterragem. Logo que saímos do vale, chegamos ao que equivalia à High Street do mundo do cabo submarino – meia dúzia de estações ladeando a estrada. A primeira estava disfarçada de casa de pedra, e teria sido irreconhecível como estação de aterragem, se não fosse pelo pesado portão automático na frente. Em seguida, um prédio que parecia um imenso ginásio de esportes, com um largo teto curvo e divertidos respiradouros azuis, como vigias de barco nas paredes. Pertencia ao sistema conhecido como FLAG, e servia como junta de dois cabos que – como o da Tata – se estendiam a oeste, para Nova York, e a leste, para o Japão. Os moradores chamavam o lugar de "Skewjack", referência ao acampamento de surfistas que antigamente existia no local. Paling então levou-me a uma rua estreita, protegida por uma sebe alta. Tivemos de nos espremer à esquerda para deixar passar um trator carregado de feno. Numa curva da rua havia um prédio caramelo com paredes de aço corrugado, um *bunker* horrendo e bruto. Uma placa de ENTRADA PROIBIDA indicava que essa estação pertencia à BT. Mais tarde, soube que foi projetada segundo planos padrão da era da Guerra Fria, que presumiam que ela seria subterrânea. Mas quando o granito da Cornualha se mostrou duro demais, a BT a colocou acima da terra. Parecia pronta para uma guerra – a mais ameaçadora do grupo.

Na crista de um morro, finalmente, tive um vislumbre das sebes, e vi pastos para todos os lados, pontilhados por uma silhueta improvável de antenas de satélite enfileiradas, principalmente de comunicação de apoio para as estações de aterragem. Passamos por um pequeno vilarejo e depois a rua se alargava em um pátio. Um agricultor de galochas de cano alto tinha tirado um Land Rover vermelho de uma garagem cheia de tratores. Seu border collie levantou a cauda para mim. Em uma cerca de madeira, havia uma placa esbranquiçada, com letras pretas, que dizia ESTAÇÃO DE CABO DE WHITESANDS. Segui Paling pela longa entrada, com uma lavoura de batatas de um lado e mais pastos do outro. Vacas leiteiras metiam a cabeça pela sebe, como num curral. O agricultor vizinho tinha um fogo crepitando num tambor de aço, misturando o cheiro de fumaça de turfa com esterco. Passamos por um mata-burro e entramos no pequeno estacionamento da estação. Tinha a forma de uma casa, mas era exagerada, como num subúrbio do Texas. Suas paredes externas davam para blocos grosseiros de granito – a pedido do comitê de planejamento do condado – e havia venezianas de aço verde. Abaixo dos beirais, uma placa de vidro dizia ATLANTIC CROSSING. 1998. UM PROJETO DA GLOBAL CROSSING.

Dentro dela, capas de chuva estavam penduradas ao lado da porta. O lugar tinha cheiro de cachorro molhado, mas que não era desagradável. Tia, um spaniel corpulento, descansava no canto. Com a mobília descasada, paredes verde-lima, carpete marrom e o teto inclinado, tinha o jeito de uma oficina de assistência técnica, e não um centro de comando de alta tecnologia. Mapas de brinde de fabricantes de cabos estavam presos com tachas numa parede. Um antigo cartaz da Global Crossing dizia: "Um Planeta. Uma Rede." Havia um saguão apertado e algumas salas privativas dando para uma idílica cena da Cornualha, de vacas e terra esmeralda. O som de um jogo de futebol emanava de um televisor na cozinha.

Paling foi criado na região, e está na Global Crossing desde 2000. Chegando aos 40, ele é um sujeito grandalhão, com mais de um metro e oitenta, olhos azuis pequenos e rosto tranquilo. Usava jeans, um cardigã estiloso e sapatos de skatista pretos. Se os caras de *Internet exchange* tendiam para o nerd, mas ficavam à vontade por trás de suas telas, o pessoal do cabo submarino mais parecia ser do tipo que não hesitaria em entrar em um bar de marinheiros num porto estrangeiro. E Paling começou na BT, em Londres, depois passou algum tempo no mar, lançando e reparando cabos, antes de voltar à Cornualha para criar uma família. Seu pai foi "F1" da Cable & Wireless – a mais alta designação para um diretor estrangeiro – e educado em Porthcurno. Quando garoto, Paling mudou-se com a família para estações estrangeiras, de Bermuda ao Bahrein, de Gâmbia à Nigéria.

Na Global Crossing, Paling não é apenas encarregado da estação, mas da engenharia de campo de toda a rede submarina, que incluía o link pelo Atlântico, bem como importantes cabos que conectavam os Estados Unidos com a América do Sul, descendo a costa do Atlântico e a do Pacífico. Os olhos de Paling estavam injetados de uma supervisão na madrugada, via teleconferência, para conserto de equipamento no link entre Tijuana, no México, e Esterillos, na Costa Rica. Ele conhecia bem os homens do outro lado da linha. Seus colegas mais próximos estavam do outro lado do mundo – e com frequência também do outro lado do cabo. Isso era típico. Um cabo que atravessa o mar funciona como uma máquina única, com o equipamento em um litoral intricadamente ligado ao equipamento em outro. Nos velhos tempos, cada cabo teria uma "linha de comando", um dispositivo telefônico rotulado com o nome da cidade, na outra ponta, provendo um link de comunicações direto. Hoje, a linha de comando foi incluída principalmente no sistema de comunicações normal da corporação, embora em uma visita que fiz a uma estação de cabo perto de Halifax, no Canadá, eu tenha visto seu progenitor em ação. Quando cheguei, de manhã, alguns minutos antes do gerente da estação, seus colegas, na outra ponta do cabo – na Irlanda –, atenderam à campainha e abriram o portão por comando remoto. Seus sistemas estavam ligados.

Conduzindo-me para sua sala, Paling joga as chaves na mesa, ao lado de um controle remoto em forma de submarino amarelo, do tamanho de uma bola de futebol. "Para os reparos", disse ele, assentindo. Não era verdade – era brinquedo do filho dele. Ele foi até o corredor e entrou numa sala com fios que brotavam no alto, suportes de equipamento arrumados em corredores estreitos e o ronco familiar da ventilação de computadores quentes e condicionadores de ar em funcionamento. Paling me levou diretamente ao canto mais distante. Um cabo preto saía do chão e era preso com grampos de aço a uma pesada estrutura armada a alguns centímetros da parede. Foi fabricado em New Hampshire. No curso de uma longa passagem por uma série de máquinas dignas de Rube Goldberg, oito filamentos de fibra eram entrelaçados com camadas de borracha, plástico, cobre e aço. O cabo, então, era enrolado em bandejas de aço do tamanho de carrosséis, como algo roubado do depósito de Richard Serra. Um barco estava atracado ao píer da fábrica no rio Piscataqua, e toda a extensão de milhares de quilômetros do cabo era fornecida para a água por um passadiço de 400 metros entrando em três tanques cilíndricos no casco. No mar, o navio arriava o cabo na popa por uma via planejada com precisão, a partir de uma praia em Long Island, atravessando o oceano ao longo arco da baía de Whitesand, mais ou menos a um quilômetro e meio dali. Depois corria por baixo das vacas até o lado desta casa grande, atravessava a fundação e aparecia aqui. Em seu último trecho, tinha uma etiqueta: CABO AC-1 PARA OS EUA. Para Paling, essa era a placa ao lado de sua mesa. Para mim, estava entre as placas direcionais mais incríveis que eu já tinha visto. Apontava o caminho para casa, por uma via que era fisicamente inacessível – mas que, de certo modo, eu já havia percorrido milhares de vezes. "Este é o cabo que vai para os EUA", disse Paling. A Internet física não podia ser mais literal.

Depois de segui-lo pelo mar, o segui um pouco mais, pela estação. Paling me mostrou o PFE, ou "Power Feed Equipment", "equipamento de alimentação elétrica", uma caixa branca do tamanho de uma geladeira, que enviava 4 mil volts pela capa de cobre do cabo, para fornecer energia aos repetidores no mar, que amplificavam os sinais de luz. A máquina irmã do outro lado do cabo, em Long Island, era ajustada na mesma voltagem, para que o fluxo de elétrons se encontrasse no meio do oceano e usasse a terra como aterramento. "Somos a corrente negativa, eles a positiva", disse Paling. Era um fluxo de energia de uma via, um empurra e puxa simultâneo.

A luz do cabo era emitida (e recebida) por outra série de máquinas parecidas com geladeiras em uma fila ali perto. Paling encontrou um pedaço de cabo óptico amarelo, que conectou na porta do "monitor" de uma das máquinas, batendo inofensivamente no sinal de luz de uma das fibras. Depois, conectou a outra ponta do cabo em um analisador de espectro óptico – uma máquina de mesa que parecia um videocassete Betamax, com uma tela que mostrava as ondas de luz como em um eletrocardiograma. "Gosto de pensar nisso como uma gelatina grande", disse ele sobre o que estava na tela. "Se você empurrar um pouco para baixo", ele apontou uma das ondas, "tudo isso vai subir. Parece muito com uma brincadeira de tentar forçar esse pedaço de gelatina, de modo que as ondas estejam em sua potência máxima". A tecnologia era conhecida como "multiplexação de divisão de comprimento de onda denso". Permitia que muitos comprimentos de onda, ou cores de luz, passassem simultaneamente por uma única fibra. Cada filamento de fibra pode ser "preenchido" com dezenas de ondas – e cada uma delas carrega 10, 20 ou até 40 gigabits por segundo de dados. Uma das tarefas de Paling era sintonizar os lasers para caberem em mais comprimentos de onda, como um acorde harmônico, ajustando cada nota corretamente para que todas soassem bem juntas.

    Teoricamente, isso pode ser feito de qualquer lugar, mas Paling preferia ficar ao lado da máquina, vendo a luz com o analisador. Para dificultar mais o processo de vez em quando, qualquer movimento do cabo no fundo do mar pode alterar o modo como as ondas se movem pela fibra, podendo perturbar todo o arranjo, como a estática em um televisor antigo. Depois de ter ajustado tudo, Paling colocou o cabo em um "teste de confiança", gerando tráfego artificial para enviar pela fibra, em seguida fechou o circuito desse tráfego, "indo e voltando daqui à América 30 vezes, algo assim". As coisas aconteciam rapidamente. No dia que passei aqui, um dos pares de fibra "saiu de operação" na preparação para uma atualização. O novo equipamento teria espremido mais ondas de 20 gigabits para dentro, aumentando a capacidade de todo o cabo.

"Então a fibra na verdade é escura?", perguntei.

"Escura não", disse Paling. "Chamamos de 'turva'. Existe energia nesses amplificadores. Eles emitem ASE" – emissão espontânea amplificada. "Ruído. Se colocar um medidor ali, verá luz. Mas não há ruído de banda. É só ruído de fundo." Uma palpitação.

Enquanto explicava tudo isso, Paling abriu distraidamente uma capa plástica de proteção e bateu o dedo numa das fibras "iluminadas". Por toda a Europa – se não todo o hemisfério ocidental – havia milhões e milhões de filamentos de fibra. Eles se fundiam continuamente, repetidas vezes, saindo da Telehouse em um feixe grosso, depois vinham para cá. A última fusão podia ser lida nos cabos amarelos conectados na frente dessa máquina: muitas fibras entravam, e só quatro saíam. Eram estas quatro que atravessavam o oceano. Elas eram as veias mais grossas, na ponta de um continente de capilares – em termos daquilo que continham, mas certamente não em seu tamanho físico. Faltava pouco para o meio-dia. Os mercados europeus estavam abertos, mas Nova York ainda acordava. Os lábios de Paling se mexiam, mas eu só conseguia me concentrar em seu dedo batendo no cabo. Sem alugar um submarino, isso era o mais próximo que eu ia chegar de um link transatlântico físico.

Nossa última parada foi na volta, pelo corredor. Seguimos o cabo de onde ele saía da terra para o principal equipamento submarino. Agora estávamos olhando o *backhaul*, os links da estação para o restante da Inglaterra. Um suporte estava rotulado SLOUGH, um subúrbio tranquilo de Londres, não muito longe de Heathrow, onde a Equinix tinha seu maior data center do Reino Unido (e onde foi ambientada a versão original da série *The Office*). O seguinte tinha a etiqueta DOCKLANDS. Qualquer que fosse o tamanho do mundo – pensei comigo mesmo, e não pela primeira vez –, a Internet podia parecer muito pequena.

Naquela tarde, depois de Paling voltar ao trabalho e nos despedirmos, fui de carro ao Land's End. Ali há um parque temático com uma rua medieval falsa, mas a temporada terminara e quase tudo estava fechado, exceto por uma famosa cabine de fotos, perto da beira do penhasco, voltada para o mar. Por 15 libras você escolhia as letras que compunham o nome de sua cidade natal e as movia para uma daquelas placas que apontam para lugares remotos e indicam as distâncias. O fotógrafo de suéter de lã grosso tirava sua foto e algumas semanas depois chegava o impresso, por e-mail. Dois dos destinos na placa eram permanentes: John O'Groats, o lugar mais ao norte da Grã-Bretanha (1.406 quilômetros), e Nova York (5.064 quilômetros). Imaginei que como Nova York já estava ali, eu podia pedir um lugar diferente e pensei: Mas que diabos, será que ele se importará se eu colocar ali "A Internet" e alegar 3 quilômetros de distância? Por 15 libras, ele disse que não se importava com coisa alguma, e entendeu perfeitamente por que lhe pedi isso. Ele conhecia bem os cabos. Via os barcos passarem na água, lá embaixo. Depois de minha foto oficial, ele se ofereceu para tirar uma a mais com o meu telefone.

De volta ao calor do carro, mandei a foto por e-mail a algumas pessoas em Nova York. Não conseguia deixar de pensar no que isso significava: a conexão com a torre de celular mais próxima, o *backhaul* para as Docklands, um retorno para a Cornualha, a passagem rápida pela estação de aterragem do cabo, a longa jornada a Long Island, entrando no número 60 da Hudson, depois a meu próprio servidor de e-mail em Lower Manhattan, antes de se dispersar a seus destinatários. Eu sabia que esses caminhos físicos existiam. Mas também sabia que a Internet ainda era capciosa, diversa, numerosa. Não sabia que caminho a foto tomara; podia tranquilamente ter passado pelo cabo grande da Tata, que chega bem além na costa. Era difícil situar o movimento de um único lote de dados, mas isso não tornava menos reais as particularidades de sua via. Pareceu-me novamente o desafio de prender a luz numa garrafa – de mandar a Internet pelo correio, mesmo que só por um minuto. Ainda havia um hiato entre o físico e o virtual, o abstrato da informação e a brisa úmida do mar.

Levei alguns meses, mas, voltando a Nova York, encontrei por fim uma tarde livre para ir de carro à praia e procurar a outra ponta do Atlantic Crossing-1. Decidi não avisar com antecedência. Paling foi um ótimo anfitrião na Cornualha, e parecia um exagero pedir para ver outra estação de aterragem – e ainda mais o par que combinava com ela. A cidade de Shirley, em Long Island, era o ponto de chegada listado oficialmente do AC-1, mas isso me deixava com um bom trecho de praia, onde ele realmente poderia estar. Minha mulher e minha filha vieram comigo e zombavam de mim enquanto eu fuçava a beira do estacionamento de uma praia pública, chutando areia, como um gari. Por fim, encontrei um poste de plástico desgastado, com um alerta sobre um cabo de fibra óptica enterrado – mas não tinha certeza se era o meu cabo. Ao voltarmos para a cidade –, eu mesmo meio decepcionado porque a paisagem não foi de interpretação tão fácil – um prédio a mais ou menos um quilômetro e meio da praia chamou minha atenção, pelo canto dos olhos. Ficava na beira de uma subdivisão de subúrbio e parecia, basicamente, uma casa, só que era grande demais, e tinha respiradouros de aço reveladores, abaixo do beiral. Fiz a volta no sinal seguinte e parei na frente. Tinha portão sólido, grandes câmeras de vigilância, alguns carros num estacionamento – inclusive uma picape branca com uma caixa de ferramentas na traseira e um logo da AT&T na porta. Foi quando notei a caixa de correio: adesivos de loja de ferragens diziam "TT", com o contorno fraco dos "A" arrancado, ainda visível. Esse não era o meu cabo, mas era o meu tipo de lugar – claro o suficiente para especificar a única via, para dispor a geografia fluida da Internet no terreno arenoso de Long Island, e a travessia do oceano entre os dois pontos.

Nesse meio-tempo, eu esperava notícias de Simon Cooper, da Tata, sobre um novo cabo, chegando em uma praia, em algum lugar. O e-mail da funcionária de relações públicas de Mubai veio numa manhã de quinta-feira e dizia que, dependendo do clima, a aterragem estava planejada para a segunda-feira seguinte. Em algum lugar perto de Lisboa. Onde, exatamente, ela não sabia. Não respondi de imediato. Em vez disso, procurei uma passagem de avião.

Naquela manhã de domingo cheguei a Portugal, atravessei o rio Tejo em Lisboa e entrei a oeste, novamente para o Atlântico. Segui a arenosa Costa da Caparica, ao sul, por alguns quilômetros antes de voltar ao interior, entrando num bairro de casas de veraneio modestas. A estação de aterragem de cabo da Tata ficava um pouco depois da estrada, atrás de uma cerca de segurança alta. Sem placas e de aparência um tanto sinistra, tinha grossas paredes de concreto e janelas com caixilhos pesados, de aço. Podia ser confundida com a casa de um comerciante de armas, ou talvez o posto de escuta de um serviço de informações ultrassecreto. Era bem maior do que a estação de Paling, na Cornualha – um exemplo didático dos excessos da Tyco. Apertei o botão do interfone e esperei que o portão se abrisse, depois invoquei toda a minha concentração afetada pelo jet lag para engrenar o câmbio manual do carro e entrar no pequeno estacionamento apinhado numa manhã de domingo.

Rui Carrilho, o gerente da estação, era um sujeito atarracado, no início dos 40 anos. Usava uma camisa polo azul-clara, jeans e sapatos esporte de couro, como se estivesse vestido para um passeio de domingo com a esposa. Não ficou feliz em me ver. Eu estava ali a convite de seu chefe, Simon Cooper, mas não era uma boa semana para visitantes. Apesar dos ventos calmos e do céu claro, ele estava no meio de uma tempestade. Lá estava o motivo para minha ida: a chegada na praia do West Africa Cable System, ou WACS, que logo se estenderia da encosta da colina à costa da África. Mas a estação também abrigava dois técnicos da sede da Tyco nos Estados Unidos, que estiveram trabalhando sem parar, na preparação final do concorrente direto da WACS, o cabo Main One, que seguia uma rota quase idêntica. Eles ficaram de prontidão, esperando por orientações do navio de instalação de cabos da Tyco, o *Resolute*, flutuando em algum lugar na costa da Nigéria, o cabo rebocado de sua oficina, enquanto seus próprios técnicos lutavam para resolver tudo. E, acima de tudo isso, o chefe da Tata estivera pressionando Carrilho a completar atualizações no terceiro cabo da estação, que corria sob a baía de Biscaia até a Inglaterra, atravessava o AC-1 em algum lugar no fundo e chegava a outra das grandes estações da antiga Tyco, perto de Bristol. A equipe da estação de cabo dormiu no chão do trabalho a semana toda, e fazia as refeições noturnas num restaurante próximo – às vezes unindo-se aos exaustos engenheiros da Tyco, de Nova Jersey. Carrilho sentava-se à cabeceira, comandando seus homens como o oficial da força aérea que ele já foi. Mas as bolsas sob os olhos de Carrilho – e a intensidade nervosa com que segurava seu BlackBerry e os Camels – deixavam claro: muita coisa acontecia ali. E eu, um turista, metera-me no meio disso tudo.

Eu mal tinha entrado no lugar quando ele me levou de volta pela porta até a minivan da estação. "Vou lhe mostrar onde será a aterragem na praia, assim você pode chegar lá sozinho", disse ele, ansioso para se livrar de mim o quanto antes. Fomos para o mar, seguindo um bulevar arborizado onde, por baixo, corria o cabo da praia (e bem além dela). Ao pé de um morro íngreme, havia uma aldeia costeira mínima e um retorno poeirento para carros, onde cães vira-latas dormiam ao sol. Carrilho colocou um capacete e colete de segurança laranja e instalou uma luz laranja de emergência no teto da van. Dois velhos de camisa xadrez desviaram os olhos do mar para nós. Um quadrado de areia do tamanho de uma toalha de praia tinha sido cavado, revelando um bueiro, abrindo-se para uma câmara de concreto. A tampa do bueiro estampava "Tyco Communications". A câmara fora cavada uma década antes, em preparação para um cabo que nunca chegou, e ficara vazia, desde então. Uma barraca vermelha tinha sido erguida ao lado, para abrigar uma oficina temporária.

No dia seguinte, o navio de instalação de cabos *Peter Faber* – projetado especialmente para "operações próximas à costa" – sairia de Lisboa, levando 3 quilômetros de cabo. Seria trazido para a praia por um mergulhador e afixado em uma pesada placa de aço dentro do bueiro. O *Peter Faber*, então, avançaria algumas milhas no mar, viraria um pouco para o sul e largaria a ponta solta pela amurada. Alguns meses depois, um navio muito maior voltaria para pegá-la com um gancho, fundiria com a ponta do que resta dos 14 mil quilômetros de cabos que carregava em seus imensos tanques e se viraria para o sul, seguindo uma rota precisa acima dos cânions submarinos e pela margem de penhascos invisíveis. Para as pessoas da África do Sul, Namíbia, Angola, República Democrática do Congo, República do Congo, Camarões, Nigéria, Togo, Gana, Costa do Marfim, Cabo Verde e Ilhas Canárias – os sucessivos pontos de aterragem do cabo –, esse local da terra logo uniria o continente ao outro. Pelo menos esse era o plano dos próximos dias, ou meses. O plano para a próxima hora era almoçar.

Quase em cima do bueiro há um restaurante de beira de praia, com guarda-sóis da Coca-Cola no pátio. Em uma mesa comprida, na parte interior, reuniu-se a equipe de construção submarina. Com macacões vermelhos, rosto desgastado pelo mar e cabelo soprado pelo vento, eles parecem um bando de piratas. Sento-me em uma cadeira ao lado de um homem com uma bandana no cabelo preto desgrenhado e uma argola de ouro na orelha. Carrilho senta-se na outra ponta da mesa, entre o gerente de construção ressequido, Luis, de bigode amarelo, e seu capataz, Antonio, que é meio parecido com Tom Cruise e tem a determinação e a intensidade emocional de um menino do jardim de infância. Eles traçam os planos de aterragem do dia seguinte na toalha de papel branca, até que chega uma enorme panela de peixe cozido, junto com copos de Super Bock, a *lager* portuguesa. A conversa foi num misto de português e espanhol e parou para o jogo de futebol na TV. Mas quando chegou a hora de brindar ao sucesso da operação, eles usaram a expressão em inglês: à *"beach landing!"*.

O dia da aterragem amanheceu frio e claro, o azul do céu e o do mar em uma aparente competição para quem seria o mais escuro. Carrilho estava com o capacete e o colete, e trouxe um dos jovens da estação, que tinha uma câmera imensa pendurada no pescoço. Andava de um lado a outro da lanchonete, pedindo expressos e vendo o horizonte. A equipe de construção chegou por mar, de um porto a alguns quilômetros pelo litoral, quicando em um esquife inflável, como um pelotão de fuzileiros navais. Um grupo de diaristas angolanos se reunira, e Luis lhes entregou camisas polo vermelhas de uma grande caixa de papelão. Dois engenheiros, de *fleece* e calças cargo, estavam isolados, empoleirados na beira de um pequeno penhasco arenoso. Trabalhavam para a Alcatel-Lucent, o conglomerado de telecomunicações que fabricou o cabo e era dono dos navios que o deitavam no leito do oceano.

Uma grande escavadeira Hyundai estava estacionada perto da água, o braço articulado erguido numa saudação curva, uma placa dizendo CARLOS encostada no para-brisa. O próprio Carlos estava na cabine, recostado no painel. Normalmente ele demolia prédios históricos em Lisboa – um trabalho delicado. Luis já trabalhou com ele. "Ele pode arranhar seu nariz com o cesto e você nem vai se importar", disse Luis, agitando o dedo para mim. No dia anterior, Carlos cavou uma trincheira funda na praia, deixando um castelo de areia do tamanho de sua máquina. Nas profundezas, havia a boca de um conduíte de aço que corria para o bueiro; o cabo de fibra óptica seria puxado por ali, como um barbante por um canudo.

Pouco antes das nove horas, um dos mergulhadores pulou do esquife e entrou na arrebentação. Debaixo do braço carregava uma corda de náilon verde e leve. Acelerou pelas ondas até a praia e entregou a corda a um dos trabalhadores. Não houve apertos de mãos nem cerimônia para marcar esse primeiro momento de conexão física, o link inicial entre terra e mar que seria incrementado em uma via de 14 mil quilômetros de luz – e – esperavam seus criadores – um fluxo de informações que transformaria um continente. Carrilho parou de andar pelo pátio da lanchonete, para observar. Logo depois, o casco azul do navio de cabo *Peter Faber* entrava no campo de visão, ao norte, sua grande antena em domo branco encarapitada como uma bola de pingue-pongue no alto de sua superestrutura. Mais comprido do que um rebocador e mais elegante do que uma traineira, seu sistema de propulsão controlado por GPS permitia que ele flutuasse no mesmo lugar, mesmo em condições desfavoráveis. Ele atracou a quase um quilômetro da praia, alinhado precisamente com o bueiro, e dali não se mexeu durante um dia e meio.

O esquife foi encontrá-lo, esticando a linha-guia verde até entregá-la. Dois cães corriam na praia, saltando de um lado para outro da corda. Um trator se aproximou da água, e a corda foi amarrada a seu gancho. Começou uma série de lentas procissões à praia, em paralelo com a água, enganchando a corda em volta de uma polia, puxando-a do barco 100 metros de cada vez. O trator prosseguiu em um ritmo de caminhada, largou o nó e voltou pelo mesmo rastro, pegando o trecho seguinte. O cabo de fibra óptica em si logo começou a sair do navio, suspenso pouco abaixo da superfície da água por um colar de boias laranja – a versão atual dos "tonéis" usados em Porthcurno em 1919. Enquanto cada boia chegava à margem, um trabalhador pulava na água e a desamarrava do cabo.

Carrilho e eu vimos a ação do pátio do restaurante, sentados a mesas separadas. Ele tinha conta na casa, e me juntei a ele num ritmo constante e alternado de expressos e cerveja. Uma suave brisa marinha trouxe o cheiro náutico agradável dos motores de dois tempos do esquife. Esteve circulando para evitar que os barcos de pesca cruzassem o cabo, patrulhando de um lado a outro como um border collie. Na hora do almoço, o trator tinha completado seu circuito lento e o cabo se arqueava do navio por baixo de seu colar de boias laranja. Com luvas grossas, os trabalhadores o puxaram para a boca do conduíte, esforçando-se sob seu peso. Dispuseram-no, em um padrão em S, pelas ondas, caso o mar quisesse um pouco mais para si. Mandei um e-mail a Simon Cooper com uma foto da ação e a legenda "Tirada 45 segundos atrás". Recebi uma mensagem de resposta alguns minutos depois: "E vista em meu BlackBerry, enquanto estou em Tóquio."

Com o cabo em posição, o mergulhador voltou ao mar segurando uma faca. Oscilando a cabeça sobre as ondas, ele começou a cortar as boias laranja, para que o cabo pudesse cair no leito marinho. A cada corte, uma boia pulava alguns metros no ar, depois disparava para o sul com a brisa. Quando ele estava a mais ou menos 100 metros, não consegui mais vê-lo, só via o trabalho de sua mão: boias laranja pipocando do mar, como bolas de praia, o esquife perseguindo cada uma delas. Quando ele chegou ao navio do cabo, a tripulação holandesa lhe deu alguns biscoitos e um copo de suco, depois ele voltou ao mar e nadou o quilômetro de volta à praia. Nela, de peito ofegante e olhos arregalados, acendeu um cigarro.

Fui até a porta lateral do restaurante, onde os dois engenheiros ingleses trabalhavam arduamente no cabo. Vieram de carro dos escritórios da Alcatel-Lucent, em Londres, em uma perua cheia de ferramentas. Matt era alto, tinha a cabeça quadrada, a barriga grande e a voz agradável. Morava em Greenwich – "lar do tempo", cantou ele – e estava ansioso para voltar para o aniversário do filho no fim de semana. Mark era mais rude, com um dente de ouro e uma tatuagem grande num braço que faria inveja a Popeye. Passou sua vida ativa pelo mundo, em nome da Alcatel, em lugares como Bermuda ("perfeita"), Califórnia ("linda"), Cingapura ("uma ótima cidade, se você gosta de ficar sentado à noite com uma cerveja"). Nas camisas polo azuis da Alcatel e calças cargo, os dois foram até o cabo com arcos de serra. Era blindado com duas camadas de malha de aço que tinham de ser retiradas antes de eles fazerem a "junção", no bueiro. Eles usaram seu peso para tirar o envoltório, como se abatessem um tubarão. Enquanto trabalhavam, um pescador de camisa de flanela e botas de borracha bateu na porta da cozinha. Tinha uma bolsa estufada com dois dourados cintilantes, o peixe do cozido de ontem. O chef os pegou. Matt gritou ao telefone: "Temos 25 no bueiro e outros 20 na praia", o que queria dizer metros do cabo – folga suficiente, no subsolo, para terminar a junção, e o suficiente, na praia, para permitir movimento do cabo.

Depois que o cabo foi despido, expondo suas entranhas rosadas, Matt e Mark o puxaram à barraca vermelha para começar o trabalho de fusão das fibras. Matt colocou uma xícara de chá ao lado, na bancada, e começou a usar uma ferramenta que parecia um saca-rolhas para aparar o núcleo plástico interno do cabo que cercava um tubo perfeito de cobre reluzente. Dentro dele havia outra camada de fios pretos; dentro de cada um deles, borracha colorida; e, dentro da borracha, a fibra em si. Com a remoção de cada camada sucessiva, o trabalho tornava-se cada vez mais delicado: ele trabalhou primeiro como um açougueiro, depois como um pescador, depois um *sous-chef* e agora, finalmente, um joalheiro, segurando cada fibra entre os lábios franzidos. Quando a fibra em si estava finalmente visível, os oito filamentos brilhavam ao sol, cada um deles com 125 micra de largura. Colocou talco na palma das mãos e passou a ponta de cada fibra por ela como um arco de violino, para limpar qualquer resíduo.

Em seguida, começou a fundir cada uma à sua parceira da praia. Eram oito filamentos, cada um de uma cor diferente, presos à bancada. Um de cada vez, Matt colocou um filamento dentro de um aparelho que parecia um furador de papel. Uma telinha ampliava o alinhamento das fibras, e ele o ajustava, para que as duas pontas casassem, como a mão de Deus, no afresco de Michelangelo. Depois apertou um botão que assou as duas pontas, unindo-as, bebendo chá com o dedo mínimo erguido enquanto a máquina fazia seu trabalho. Em seguida deslizou uma capa de plástico protetora sobre o filamento, agora contínuo, e o instalou em um suporte delicado, parecido com um equipamento de pesca. Com a tecnologia de hoje, cada fibra podia transmitir mais de um terabit de dados por segundo, em uma jornada submarina de dois décimos de segundo.

Estive olhando de fora a barraca vermelha que abrigava a bancada improvisada, e Carrilho veio a meu lado, pretendendo ver o trabalho delicado de Matt. "Isso é a fibra!", disse Carrilho. "É o que gera dinheiro."

Com os oito filamentos finalmente unidos, Matt os colocou dentro de um estojo de aço preto, finamente trabalhado, com dois grandes adesivos vermelhos de alerta e uma elegante placa da Alcatel-Lucent com *Origin France* escrito em letra cursiva – o enfeite de capô do fio de 600 milhões de dólares da Tata. Mark esteve trabalhando no bueiro, na labuta de esticar o cabo de malha de aço em volta de uma pesada placa de aço instalada em sua parede. Matt passou a ele o estojo para ser instalado ali dentro.

Um carro estacionou atrás de mim e de Carrilho, e dele saiu um homem de camisa branca bem passada e gravata, indo do trabalho para casa. Olhou o bueiro, o equipamento ordenado dentro da barraca e o navio atracado no mar.

"Um cabo? Para o Brasil?", perguntou ele.

"África", respondeu Carrilho.

O trabalhador ergueu as sobrancelhas, meneou a cabeça e foi para casa jantar. Para as pessoas dessa aldeia litorânea, essa era uma interrupção temporária, alguns dias de tratores na praia e alguns caminhões a mais no estacionamento municipal. No fim da semana, o bueiro seria coberto e o cabo para a África estaria esquecido sob a areia.

7

Onde os dados dormem

The Dalles, no Oregon, sempre foi um tipo especial de cruzamento, um lugar onde a geografia repetidas vezes forçou a mão na infraestrutura. O estranho nome – que não rima nem com "balls" nem com "bells" – vem da palavra francesa para "lajota" e se refere às pedras do rio Colúmbia, que se estreita aqui antes de mergulhar pelo grande abismo, nas cataratas conhecidas como garganta do rio Colúmbia. Tudo aqui se seguiu a partir disso.

Quando Lewis e Clark chegaram, em 1805, em sua exploração do Oeste, encontraram o maior ponto de reunião de nativos americanos na região. Durante a subida anual dos salmões, a população inchava a quase 10 mil pessoas, cerca do tamanho que tem a cidade hoje. Por algum tempo, a ferrovia do Oregon terminava em The Dalles, onde colonos no Oeste enfrentavam a decisão desagradável entre contornar em lombo de mula o monte Hood, de 3.500 metros de altitude, ou se arriscar nas corredeiras do Colúmbia. The Dalles era o gargalo no caminho da migração ao Oeste. E ainda é.

De meu quarto de hotel, a paisagem parecia um campo de batalha entre a geologia e a indústria. Ao fundo, havia a base caramelo calombenta da cadeia de montanhas das cataratas, coberta de filetes de névoa em um dia chuvoso de fim de inverno. Perto dali ficava o pátio de ferrovia da Union Pacific, onde trens de carga paravam e tartamudeavam, antes de descer pelo moderno alinhamento que abraça os penhascos de basalto da garganta. Em paralelo aos trilhos, fica a Interestadual 84, a primeira rota Leste-Oeste que atravessa as montanhas até a Interestadual 80, na Califórnia, cerca de 950 metros ao sul. O tráfego de caminhões passava durante a noite toda, indo para o Oeste, para Portland, ou o Leste, para Spokane, Boise e Salt Lake. O rio em si era largo e revolto. Vi carros em fila, como formigas pela ponte Dalles, a jusante da represa Dalles, um pequeno pedaço do vasto sistema hidroelétrico, construído pelo Corpo de Engenheiros do Exército e comercializado pela Bonneville Power Administration, cujas linhas de alta tensão passam pelas colinas. The Dalles é um nó fundamental na grade de eletricidade de toda a parte Oeste dos Estados Unidos. Mais notadamente, é o ponto de partida de uma via de transmissão de 3.100 megawatts, conhecida como a Pacific DC Intertie, que transfere energia hidroelétrica da bacia do rio Colúmbia para o sul da Califórnia, como um imenso fio de extensão puxado de Los Angeles. Sua tomada é a estação conversora de Celilo, logo depois da colina vista de meu quarto de hotel. The Dalles pode ser um lugar pequeno, mas você não diria que é fora de mão. Ele *é* a mão: uma confluência de infraestrutura, onde a topografia inevitável das cataratas e do rio Colúmbia forçou a união de salmões, colonos, ferrovias, rodovias, linhas de força e, efetivamente, da Internet.

Vim a The Dalles porque é o lar de um dos repositórios de dados mais importantes da Internet, bem como a capital *de fato* de toda uma região dedicada a armazenar nossas identidades online. O lugar me parece uma espécie de Katmandu para os data centers, uma cidade nevoenta, ao pé de uma montanha que, por acaso, é o ponto de partida perfeito para uma exploração dos imensos prédios, onde nossos dados são guardados. Melhor ainda, The Dalles era misteriosa e evocativa o suficiente – um vínculo natural – para destacar os estranhos poderes desses prédios. Um data center não contém apenas os discos rígidos que guardam nossos dados. Nossos dados tornaram-se o espelho de nossas identidades, a incorporação física de nossas informações e sentimentos mais pessoais. Um data center é o depósito da alma digital. Gostei da ideia de data centers enfiados nas montanhas, como magos – ou talvez pontas de lança. E Katmandu parece a analogia certa por outro motivo: eu procurava iluminação, um novo sentido de minha identidade digital.

Até agora, concentrei-me principalmente nos pontos de *exchange*: os *hubs* centrais da Internet, os lugares onde as redes se encontram, para se tornar uma Internetwork. Minha mente se encheu de imagens acumuladas de prédios de aço corrugado, cabos de fibra óptica amarelos e câmaras em porões. Mas os data centers representavam um desafio diferente a essa jornada. Pareciam estar em toda parte. Enquanto eu refletia sobre isso, veio à minha mente uma imagem mais esquemática da Internet, de dois funis fundidos em suas pontas estreitas, como cornetas siamesas. As *exchanges* ficavam no ponto estreito do meio. Elas não são muitas, mas são os gargalos da grande maioria do tráfego. Um funil é dirigido a todos nós: os bilhões de *eyeballs* espalhados pelo mundo. O outro pega os prédios onde nossos dados são armazenados, processados e servidos. Os data centers são o que está na outra ponta dos tubos. Só podem existir em lugares distantes, graças ao cerrado bosque de redes, em toda parte. Era costume guardar nossos dados em nossas mesas (reais), mas à medida que cada vez mais entregamos esse controle local a profissionais remotos, o "disco rígido" – o mais tangível dos descritores – transformou-se em uma "nuvem", o termo genérico para qualquer dado ou serviço mantido lá fora, em algum lugar na

Internet. É desnecessário dizer que não há nada de nuvem nisso. Segundo um relatório do Greenpeace de 2010, 2% do uso de eletricidade do mundo pode ser de responsabilidade dos data centers e esse uso está crescendo a uma taxa de 12% ao ano.[1] Pelos padrões de hoje, um data center muito grande pode ser estabelecido em um prédio de 46 mil metros quadrados, que exige 50 megawatts de energia, quase o necessário para iluminar uma cidade pequena. Mas o "campus" dos maiores data centers contém quatro desses prédios, totalizando mais de 90 mil metros quadrados – duas vezes o tamanho do Javits Center, em Nova York, o tamanho de 10 Walmarts. Só estamos começando a construir data centers e seu impacto acumulado já é enorme.

Tenho conhecimento disso intuitivamente, porque muitos desses dados são meus. Tenho gigabytes de armazenamento de e-mail em um data center em Lower Manhattan (e cresce a cada dia); outros 6 gigabytes de backup online na Virgínia; os vestígios cumulativos de incontáveis pesquisas no Google; uma temporada inteira de episódios de *Top Chef*, baixada da Apple; dezenas de filmes em *streaming* da Netflix; fotos no Facebook; mais de 1.000 tweets e algumas centenas de posts em blog. Multiplique isto pelo mundo, e os números serão inacreditáveis. Em 2011, o Facebook relatou que quase 6 bilhões de fotos eram carregadas no serviço *por mês*.[2] O Google confirma pelo menos 1 bilhão de buscas por dia – há quem estime o triplo desse número.[3] Tudo deve ser processado e armazenado em algum lugar. Então, para onde vai tudo isso?

Eu estava menos interessado nas estatísticas agregadas do que nas especificidades, as partes de todo esse detrito online que eu podia tocar. Eu sabia que os data centers, que antes ocupavam armários, tinham se expandido e enchiam andares inteiros de prédios; que os andares cresceram para armazéns subdivididos, e que os armazéns transformaram-se em *campi* especificamente construídos, como The Dalles. O que antes era uma reflexão *a posteriori*, do ponto de vista físico, agora, adquirira sua própria arquitetura; logo, precisarão de planejamento urbano. Um data center, antigamente, era como um armário, mas agora mais parece um vilarejo. O tamanho crescente de meu próprio apetite pela Internet deixa claro o porquê. O que não estava tão claro era o onde. O que esses prédios enormes estavam fazendo nas montanhas da Colúmbia?

A eficiência da Internet na movimentação de tráfego – e o sucesso dos pontos de *exchange* em servir como *hubs* para esse tráfego – deixou extraordinariamente em aberto a questão de onde os dados dormem. Quando pedimos informações sobre a Internet, ela vem de algum lugar: ou de outra pessoa, ou do lugar onde está armazenada. Mas o milagre diário da Internet permite que todos esses dados, em teoria, sejam armazenados em qualquer lugar – e ainda assim a matéria vai achar seu caminho até nós. De acordo com isso, nos menores data centers reina a conveniência: em geral, ficam perto de seus fundadores ou de seus clientes, ou de quem ache necessário visitá-los para ajustar as máquinas. Mas, por acaso, quanto maior fica o data center, mais espinhosa é a questão da localização. Uma ironia para esses imensos prédios que parecem fábricas, os data centers podem parecer frouxamente conectados a terra. Mas ainda se agrupam.

Dezenas de considerações entram na localização de um data center, mas quase todos querem baratear ao máximo a manutenção de um disco rígido – que dirá 150 mil deles – frio e girando. A engenharia do prédio em si, especialmente o controle da temperatura, tem um impacto imenso na eficiência. Os engenheiros de data centers competem para projetar prédios com a mais baixa "eficácia no uso de energia", ou "PUE", de *power usage effecti-*

veness, que equivale à autonomia do tanque de um carro. Mas entre as variáveis externas mais importantes em um bom PUE está a localização do prédio. Como um carro terá um tanque com mais autonomia em um lugar plano e vazio, comparado a uma cidade montanhosa, um data center opera com mais eficiência onde possa puxar ar externo para resfriar seus discos rígidos e potentes computadores. Mas como os data centers *podem* ficar em qualquer lugar, as diferenças, aparentemente pequenas, acabam por se ampliar.

A localização de um data center parece acupuntura da Internet física, com lugares cuidadosamente escolhidos com precisão milimétrica para explorar uma ou outra característica. À medida que empresas competitivas empenham-se ativamente para ter vantagens, fica evidente que alguns lugares são melhores do que outros, e o resultado são agregados geográficos. Os maiores data centers começaram a se empilhar nos mesmos cantos da Terra, como montes de neve.

Talvez Michael Manos tenha construído mais data centers do que qualquer outro – por sua contagem, cerca de 100, primeiro, para a Microsoft, e, mais tarde, para a Digital Realty Trust, uma importante desenvolvedora no atacado. Ele é um sujeito alto, de pele clara, bem-humorado e fala um quilômetro por minuto, como John Candy interpretando um corretor de imóveis num comercial. Isso combina com o jogo do data center, que trata de encontrar a mão de cartas e fazer suas apostas. Quando ingressou na Microsoft, em 2005, a empresa tinha cerca de 10 mil servidores espalhados em três instalações distintas pelo mundo, administrando seus serviços online, como o Hotmail, o MSN e jogos de *Xbox*. Quando saiu, quatro anos depois, Manos tinha ajudado a expandir a base da Microsoft para "centenas de milhares" de servidores espalhados pelo mundo em "dezenas" de instalações – "mas ainda não posso lhe dizer quantas", disse-me ele. O número ainda era segredo. Foi uma expansão de escala sem precedentes na história da Microsoft, e uma expansão que até hoje só tem equivalente em algumas outras empresas. "Não há muita gente no mundo que lida com essas questões de porte e escala", disse Manos. E menos ainda que tenha rodado pelo mundo, como Manos.

Na Microsoft, ele construiu uma ferramenta de mapeamento que considerava 56 critérios para gerar um "mapa de calor" indicando o melhor local para um data center, do verde (para bom) ao vermelho (para ruim). Mas o truque era conseguir a escala certa. No âmbito estadual, um lugar como o Oregon parecia horrível – principalmente em função dos riscos ambientais, como os terremotos. Mas quando ele fez uma análise mais atenta, a história mudou: a zona de terremotos fica do lado oeste do estado, enquanto o centro do Oregon tem a vantagem de ser frio e seco – perfeito para resfriar discos rígidos usando o ar externo. Surpreendentemente, o que quase não teve peso na equação foi o custo da terra, ou mesmo o custo da construção. "Se você olhar os números, cerca de 85% do custo estão nos sistemas mecânicos e elétricos dentro do prédio", explicou Manos. "Aproximadamente 7%, em média, são terreno, concreto e aço. Isso não é nada! As pessoas sempre me perguntam: 'É melhor uma construção pequena e alta ou grande e larga?' Isso não importa. No fim das contas, o maior custo do imóvel e da construção não é problema, na maior parte desses prédios. Todo o seu custo está em quanto equipamento você pode colocar em sua caixa." E então, é claro, quanto custa conectá-lo – o que as pessoas dos data centers chamam de "op-ex", despesas operacionais. "Um cara de data center sempre procura duas coisas", disse Manos. "Minha mulher costumava pensar que eu sempre olhava para a vista, mas na verdade olhava para as linhas de energia e de fibra pendurada nas linhas de energia." Em outras palavras, ele procurava a vista que tenho de minha janela em The Dalles.

A partir do final da década de 1990, a Bonneville Power Administration começou a instalar cabos de fibra óptica em suas longas linhas de transmissão, uma rede incrível, que cruzava o Noroeste e se unia em The Dalles. Foi uma tarefa espinhosa, em geral, exigindo helicópteros para esticar o cabo em altas torres no interior acidentado, e embora o principal objetivo dos líderes da empresa de energia fosse melhorar as comunicações internas, eles viram que era apenas um pouco mais caro instalar fibra a mais – bem mais, na realidade – do que precisavam para uso da empresa. Sob insistentes protestos das empresas de telecomunicações, que não acreditavam que uma empresa de serviços públicos subsidiada pelo governo devesse competir com elas, a BPA logo estava alugando fibra extra. Era um sistema de comunicações robusto e grande, uma extensão regional de fibra pesada, protegida de escavadeiras errantes em seu poleiro no alto das linhas de energia – um chamariz para os desenvolvedores de data centers.

A Microsoft se instalou numa cidade chamada Quincy, subindo a estrada de The Dalles, no estado de Washington. "Era o ponto mais verde nos Estados Unidos para nós", disse Manos, referindo-se a seu mapa de calor, e não às árvores ou a considerações ambientais. Assim como The Dalles, Quincy ficava perto do rio Colúmbia, aninhada no emaranhado de infraestrutura de fibra e linhas de energia elétrica da Bonneville Power Administration. Não é de admirar que a Microsoft não ficasse sozinha por muito tempo. Logo depois de inaugurar seu data center de 44 mil metros quadrados e 48 megawatts (depois com o anexo de outro prédio), apareceu o que Manos chama de "pessoal do Burger King" – os segundos, as empresas que esperaram que o líder de mercado construísse em determinado local, depois construíam ao lado dela. Em Quincy, incluíam a Yahoo!, a Ask.com e a Sabey, atacadista de data center. "Em 18 meses, tinha-se uma construção de data center de quase 3 bilhões de dólares acontecendo numa cidade predominantemente conhecida por cultivar hortelã, leguminosas e batata", disse Manos. "Agora, quando você anda de carro pela cidade, só vê campos agrícolas gigantescos e depois esses imensos monumentos da era da Internet, surgindo de fileiras de pés de milho." Enquanto isso, descendo a estrada em The Dalles, um dos maiores concorrentes da Microsoft escrevia sua própria história.

The Dalles tem sido uma encruzilhada há séculos, mas em 2000, no auge do *boom* da banda larga, parecia que a Internet estava de passagem. The Dalles não tinha acesso de alta velocidade para empresas e lares, apesar dos grandes *backbones* de âmbito nacional que cortavam o país junto das ferrovias e a grande rede da BPA. Pior ainda, a Sprint, operadora local, dizia que a cidade não conseguiria acesso nos cinco ou 10 anos seguintes. "Como ser uma cidade que fica perto da via expressa, mas não tem rampa de acesso", foi assim que Nolan Young, o prefeito, explicou-me em seu escritório gasto, grande, mas iluminado por lâmpadas fluorescentes, como o de diretor de um colégio, dentro da prefeitura da virada do século de The Dalles. Envelhecido e de fala mansa, com um tom de *hobbit* na voz, Young deu de ombros ao ver meu gravador. Como qualquer político veterano, ele estava acostumado a jornalistas ruidosos – embora recentemente tenham aparecido aqui mais do que se costuma ver em uma cidade pequena.

The Dalles parecia sofrer o pior do colapso industrial da Pacific Northwest, e o desprezo pela Internet só piorou tudo. "Dissemos: 'Isso não está rápido o bastante para nós! Vamos nos virar sozinhos'", recordou Young. Foi ao mesmo tempo um ato de fé e de desespero – a atitude definitiva de "se você construir, eles virão". Em 2002, a Quality Life Broadband Network, ou "Q-Life", foi autorizada a atuar como empresa de serviço público independente, tendo como primeiros clientes hospitais e escolas locais. A construção começou sobre um circuito de fibra de 27 quilômetros em volta de The Dalles, da prefeitura até um *hub* na subestação Big Eddy, da BPA, nos arredores da cidade. Seu custo total foi de 1,8 milhão de dólares, metade financiada por verbas federais e estaduais, metade com um empréstimo.[4] Não foi utilizada verba municipal.

O apuro de The Dalles era típico de cidades do lado errado da "divisão digital", como os políticos chamam a falta de acesso à banda larga das comunidades mais pobres. Os grandes *backbones* nacionais eram construídos de forma rápida e robusta, mas em geral passavam pelas áreas rurais sem parar. Os motivos eram ao mesmo tempo econômicos e tecnológicos. As redes de fibra óptica de longa distância são construídas em segmentos de 80 quilômetros, a distância em que os sinais de luz nos cabos de fibra óptica podem viajar antes de precisar ser decompostos e reamplificados. Mas mesmo nesses pontos de "regeneração", puxar os sinais de longa distância para a distribuição local requer equipamento caro e muitas horas-homem na instalação. Assim, é mais barato construir e operar redes de fibra óptica de alta capacidade e longa distância se as operadoras disparam em seu caminho entre os *hubs*. E mesmo que possa ser induzida a parar, uma cidade pequena não tem a densidade de clientes necessária para integrar a lista prioritária de projetos de construção de uma empresa nacional como a Sprint. Uma rede de "milha do meio" cobre esse hiato, instalando fibra entre uma cidade e o *hub* regional mais próximo, conectando redes pequenas e locais a *backbones* de longa distância. Os engenheiros de rede chamam isso de *backhaul*, e não existe Internet sem ele. A Q-Life era o exemplo didático da milha do meio – embora em The Dalles a milha do meio, na realidade, estivesse mais próxima de 4 milhas (ou 6 quilômetros) do centro da cidade à subestação Big Eddy, para onde convergia a fibra da BPA.

Depois que a fibra da Q-Life estava instalada, provedores locais de serviço à Internet rapidamente apareceram para oferecer os serviços que a Sprint não faria. Seis meses depois, veio a própria Sprint – muito antes de seu prazo original de cinco anos. "Contamos esse como um de nossos êxitos", disse Young. "Pode-se dizer que eles são nossos concorrentes, mas agora existem alternativas." Mas a cidade não podia ter previsto o que aconteceu em seguida. Na época, poucos podiam prever. The Dalles estava prestes a se tornar o lar dos mais famosos data centers do mundo.

Em 2004, cerca de um ano depois que a rede da Q-Life foi concluída, um homem chamado Chris Sacca, representando uma empresa com o nome genérico e suspeito de "Design LLC", apareceu em The Dalles, procurando locais prontos para cavar em "zonas empresariais" onde ofereciam isenções fiscais e outros incentivos às empresas que se localizassem ali. Ele era jovem, vestia-se com desleixo e estava interessado em quantidades tão astronômicas de energia elétrica, e uma cidade próxima desconfiou de que fosse um terrorista e chamou o Departamento de Segurança Nacional. The Dalles tinha um local para ele, 12 hectares, próximos de uma fundição de alumínio desativada que antes sugava 85 megawatts de energia – mais do que as necessidades diárias de uma cidade com várias vezes seu tamanho.

As negociações começaram. Sacca queria completo sigilo, e Young começou a assinar acordos de confidencialidade. O custo do terreno não era um grande problema (como Manos teria previsto). Tudo se tratava de energia elétrica e impostos. O congressista local foi chamado para ajudar a convencer a Bonneville Power Administration a aumentar seus descontos. O governador teve de aprovar a isenção fiscal de 15 anos que a Design LLC exigia, dadas as centenas de milhões de dólares de equipamento que pretendia instalar em The Dalles. Mas qualquer comunidade de tamanho razoável no Oregon podia ter aparecido com a eletricidade e os incentivos. A carta na manga que fez o mapa de calor da Design LLC brilhar mais verde em The Dalles foi a própria criação da cidade: a Q-Life. "Foi visionário – essa cidadezinha sem receita em impostos imaginou que se você quer transformar uma economia da manufatura à informação, tem de instalar fibra", disse Sacca mais tarde.[5] O acordo foi aprovado no início de 2005: 1,87 milhão de dólares pelo terreno, e a opção para mais três áreas. Mas Young ainda teve de guardar sigilo, mesmo depois de iniciada a construção. "Eu tinha assinado tantos acordos que chegou a um ponto em que eu estava parado no local e alguém dizia: 'Vejo que estão construindo... rrrgggrrr... ali.' E eu disse: 'Onde? Não estou vendo nada!'" Mas o segredo agora era revelado: a Design LLC era a Google.

Tornou-se um clichê que os data centers adotam as mesmas regras dos combates secretos do filme *Clube da luta*: "A primeira regra dos data centers é não falar de data centers." Essa tendência ao silêncio, em geral, fere as expectativas das pessoas sobre *outros* tipos de infraestrutura física da Internet, como os pontos de *exchange* – que na realidade são bem abertos. Então, por que todo o segredo com os data centers? Um data center é um armazém de informações, o mais próximo que a Internet tem de uma caixa-forte. Os pontos de *exchange* são apenas lugares de passagem, como observou Arnold Nipper em Frankfurt; a informação passa por eles (e rápido!). Mas nos data centers ela é relativamente estática, fisicamente contida em equipamento que precisa ser protegido e que, em si, tem um valor imenso. Com mais frequência, porém, o sigilo não decorre de preocupações com privacidade ou roubo, mas sim da concorrência. Saber que um data center é grande, quanta energia elétrica usa e o que precisamente está dentro dele é o tipo de informação proprietária que as empresas de tecnologia ficam ansiosas para esconder. (E Manos e Sacca podiam muito bem ter se esbarrado, atravessando o vale do rio Colúmbia em busca de um lugar.) Isto é válido especialmente para os data centers construídos por uma só empresa e de sua propriedade, e os prédios em si podem ser correlacionados com os produtos que elas oferecem. Desenvolveu-se uma cultura de sigilo no mundo dos data centers, com as empresas protegendo intensamente tanto o escopo de suas operações como as particularidades das máquinas ali abrigadas. As particularidades de um data center se tornam, como a fórmula da Coca-Cola, um dos segredos corporativos mais importantes do mundo.

Em consequência, da perspectiva de um usuário comum da Internet, em geral é difícil responder à pergunta sobre onde dormem nossos dados. As grandes empresas baseadas na web parecem gostar de se esconder na "nuvem". Frequentemente, são fechadas, a respeito de onde mantêm seus dados, às vezes até fingindo não ter lá muita certeza. Como me disse um especialista em data center, "às vezes a resposta à pergunta 'Onde está meu e-mail?' é mais quântica do que newtoniana" – um jeito *geek* de dizer que parece estar em tantos lugares ao mesmo tempo que é como se não estivesse em lugar nenhum. Às vezes, a localização de nossos dados é ainda mais vaga, por causa do que é conhecido como "redes de fornecimento de conteúdo", que mantêm cópias de dados acessados com frequência, como clipes populares do YouTube ou programas de TV, em servidores pequenos mais próximos da casa das pessoas, como uma loja de bairro mantém artigos populares em estoque. Estar perto minimiza a possibilidade de congestão e ao mesmo tempo baixa o custo da banda larga. Mas, falando de modo geral, a nuvem nos pede para acreditar que nossos dados são uma abstração, e não uma realidade física. Mas isso é falso. Embora existam momentos em que nossa vida online é realmente desconcertante, com nossos dados fragmentados em pedaços cada vez menores ao ponto de ser teoricamente impossível saber onde eles estão, isto ainda é a exceção. É uma meia verdade que os proprietários de data centers agarram-se a uma tentativa deliberada de dirigir a atenção para longe de seus lugares reais – seja por motivos de concorrência, por constrangimento ambiental, ou por outras razões de segurança. Mas o que me frustra é que a ignorância fingida torna-se uma vantagem maligna da nuvem, um murmúrio condescendente de "vamos cuidar disso para você" que, em seu apelo por nossa ignorância, lembra-me de abatedouros. Nossos dados estão sempre *em algum lugar*, em geral em dois lugares. Uma vez que são nossos, agarro-me à crença de que devemos saber onde estão, como acabaram lá e como o lugar é. Parece um dogma fundamental da Internet de hoje: se estamos confiando tanto a grandes empresas quem somos, elas devem também confiar em nós, informando onde guardam tudo e como é o lugar.

Nolan Young ficou feliz em me mostrar seu data center, como bom funcionário público que é. Sem pensar muito nisso, logo depois que o circuito de fibra de The Dalles foi concluído, Young cavou um pequeno espaço no porão da prefeitura, onde os clientes podiam colocar um suporte de equipamento e se conectar com outros, como uma mini-Ashburn na Colúmbia. É claro que eu queria ver; parecia um bom pedacinho da Internet. "São só caixas e luzes, mas já que você quer...", disse Young, e pegou a chave com o assistente. O tribunal de The Dalles ficava do outro lado do corredor do escritório de Young, e passamos por um adolescente carrancudo, esperando do lado de fora com a mãe, depois descemos uma escadaria, ao centro do prédio, saímos pela escada da frente e fomos por uma pequena porta lateral ao porão. Havia um pequeno vestíbulo com piso de linóleo e luzes fluorescentes. Young abriu uma porta de aço, e fui recebido pelo sopro ruidoso de ar e pelo velho e familiar cheiro de equipamento de rede. O data center de The Dalles podia ter parecido um armário esplêndido, mas me lembrou um ponto de *exchange*, em sua encarnação mais pura: só um monte de roteadores, plugados uns nos outros, no escuro. Young apontou alegremente as vias: "Os clientes vêm aqui, pegam nossa fibra, se conectam, fazem o que têm de fazer, depois entram em nossa fibra para o Big Eddy e vão aonde eles querem! O aspecto técnico disso está além da minha compreensão. Só sei que todas essas coisas vão a um lugar só, e depois se ramificam." Essa estava entre as menores salas que se pode fingir chamar de data center – à sombra de uma das maiores delas. Mas em sua simplicidade é uma clara confirmação de que a Internet sempre está em algum lugar.

Trabalhando com o pessoal de relações públicas na Googleplex – a sede da "Design LLC" no Vale do Silício –, combinei uma visita a seu imenso data center naquela tarde, mas Young me avisou para não esperar demais. "Posso lhe garantir que o mais perto que vai chegar é o refeitório", disse ele. Nós nos despedimos, e eu me certifiquei de que Young ficasse com meu e-mail. "Sim. Agora estamos conectados! Vou usar essa fibra, e lá vamos nós."

Da prefeitura, segui de carro durante cinco minutos pela cidade, passando pela interestadual e entrando num bairro industrial, junto às margens do rio Colúmbia, perto da entrada da garganta. O imenso campus era visível de longe, assestado ao lado da rodovia. Parecia uma prisão, graças às luzes de segurança altas, aos prédios bege espaçados e à forte cerca no perímetro. Imensas linhas de energia circundavam o campus, ao pé das montanhas, ainda polvilhadas de neve à meia altura, e com os topos ocultos pela névoa. Na esquina, havia um abrigo para animais. Do outro lado da rua, uma fábrica de concreto. A cada 100 metros, mais ou menos, eu passava por um poste de segurança branco com topo laranja onde se lia: CABO DE FIBRA ÓPTICA ENTERRADO – Q-LIFE. Passei por uma placa de SEM SAÍDA e toquei o interfone ao lado de um portão duplo. Ele se abriu e estacionei diante de um prédio de segurança, do tamanho de uma casa. Uma placa presa a uma segunda cerca dizia: *VOLDEMORT INDUSTRIES* em letras góticas – uma referência brincalhona ao vilão de Harry Potter, conhecido pelos magos em treinamento como "Aquele-que-Não-Deve-Ser-Nomeado". A única pista de quem realmente era proprietário desse lugar vinha da mesa de piquenique com assentos fixos, cada um deles com uma cor primária: vermelho, azul, verde e amarelo, familiar da logomarca ubíqua do Google.

Quando entrei em contato com o Departamento de Relações Públicas do Google, eu sabia que visitar o interior de um data center seria um tiro no escuro, a julgar pela tampa notoriamente apertada com que a empresa mantém suas instalações. Mas quando deixei claro que não estava interessado nos números (eles mudam muito rápido mesmo), mas no lugar em si – em The Dalles e seu caráter –, concordaram com uma visita. Certamente a presença do Google em The Dalles não era mais segredo. Podia não haver uma placa do lado de fora (a não ser *Voldemort Industries*), mas a empresa tinha se integrado à câmara de comércio local e começou a participar de atividades da comunidade. Doou computadores a escolas, plantou um jardim do lado de fora de sua cerca de aço alta e planejava uma rede Wi-Fi pública para o centro da cidade. É claro que tudo isso veio no final de vários anos de publicidade ruim, em que o data center do Google era retratado como uma fábrica mal ocultada, que vomitava fumaça – uma imagem incongruente com as páginas brancas e limpas, o comportamento amistoso e o acesso imediato que costumamos associar ao Google. Diretores da empresa falaram em virar a página, liberando alguns dados estatísticos de seus data centers pelo mundo e até dando uma curta divulgação em vídeo. Pareciam concordar que esconder seus data centers não era mais a melhor política. Assim, fiquei surpreso com a farsa que se seguiu.

Dentro do prédio da segurança, dois guardas estavam sentados diante de uma série de monitores de vídeo, com camisas polo azuis bordadas com um distintivo de xerife aninhado no primeiro "o" do "Google". Três "Googlers" visitantes entraram na minha frente e esperavam pela liberação da segurança, que incluía o exame das retinas por um scanner, que parecia um binóculo operado por moeda.

"Identidade funcional?", perguntava o segurança a cada um que se aproximasse do balcão. "Suba no aparelho."

Depois, o scanner assumia a conversa, numa voz de mulher robótica, como numa espaçonave de filme de ficção científica. "Olhe o espelho. Por favor, aproxime-se mais." *Snap*. "Scan do olho concluído. Obrigada." Os Googlers visitantes riram. Então o segurança lhes deu um aviso: deveriam passar pelo scanner quando entrassem e saíssem do data center, porque se o computador pensar que você ainda está lá dentro, não o deixará voltar.

Eu não teria esse problema, porque – como Young desconfiava – não só não veria o interior do data center como não entraria em nenhum prédio, a não ser no refeitório. Comecei a perceber que viera a The Dalles para passear por estacionamentos. A primeira regra de relações públicas do data center do Google era: não entre no data center.

Fui recebido por uma pequena comitiva: Josh Betts, um dos gerentes da instalação; uma assistente administrativa, Katy Bowman, que liderava o contato com a comunidade; e uma "relações-públicas" que viera de carro de Portland. As coisas ficaram esquisitas desde o início. Quando peguei meu gravador, a RP se curvou para olhar de perto, querendo saber se não era uma câmera. Com sorrisos duros, saímos na chuva, interfonamos num portão na cerca, e saímos a pé pelo campus. Parecia que estávamos nos fundos de um shopping, com estacionamentos amplos, entradas de carga e um certo cuidado com o paisagismo. Na semana anterior, eu havia falado com Dave Karlson, que gerenciava o data center, mas agora estava de férias. "Nas instalações, talvez possamos lhe mostrar como é a aparência e a sensação de um data center do Google", disse ele. Mas bastaram alguns minutos de silêncio para eu perceber que não havia guia nessa excursão. "Podem me dizer o que estamos olhando e o que é feito nesses prédios?", arrisquei. Betts evitou cuidadosamente olhar para a RP, franziu os lábios e olhou para o chão diante dele – um vazio de informação, como uma página da web travada. Tentei tornar minha pergunta mais específica. E aquele prédio ali? Aquele, que parece um depósito amarelo com vapor saindo de um respiradouro? Seria principalmente para armazenamento? Conteria os computadores que vasculham a web para busca? Processava solicitações de pesquisa? Eles se olharam, nervosos. A RP acelerou alguns passos para não ter de ouvir.

"Quer dizer o que The Dalles faz?", respondeu por fim Betts. "Não é algo que possamos discutir. Mas sei que esses dados estão disponíveis internamente."

Era uma não resposta roteirizada, embora muito mal expressa. É claro que ele sabe o que esses prédios fazem – ele gerencia a instalação. Só não ia me contar. Mas a marcha pelo estacionamento era um convite à descrição do que eu via: havia dois prédios principais de data center, cada um com o formato e o caráter de um depósito de distribuição ao lado da rodovia. Estavam na extremidade de um terreno vazio do tamanho de um campo de futebol. Cada prédio tinha dois componentes – uma longa seção baixa e uma extremidade mais alta – que juntos formavam um "L" chutando o céu. No alto do L havia torres de resfriamento, emitindo um vapor pesado que rolava pela extensão do prédio, como a barba de Papai Noel. Havia entradas de carga em toda a volta, mas nenhuma janela. O telhado era limpo. No fundo de cada prédio, uma série de geradores fechados em cabines de aço e presos com cordões grossos de cabos. De perto, o tom bege-amarelado particularmente desagradável do prédio, que só pode ter sido escolhido por ser desinteressante para venda ou para fazer com que o lugar parecesse uma penitenciária. Sua sinalização – só números, nada de nomes – era perfeitamente pintada e racional, com grandes caracteres azuis, fáceis de se ler, em fundo bege. As ruas tinham calçadas limpas com cascalho bem-arrumado às margens. Postes imensos se encravavam no campus, cada um deles encimado por um halo de luz prateada. O terreno vazio – que logo abrigaria um terceiro prédio – estava cheio de caminhões e barracões modulares, de obra. Pouco além da cerca alta, o rio Colúmbia corria firme.

Ao nos aproximarmos da margem mais distante da propriedade, Betts chamou a segurança de seu celular e, alguns minutos depois, parou um guarda numa picape cinza. Abriu um portão para pedestres e nós passamos. Todos admiramos o pequeno jardim cultivado pelos Googlers em suas horas de folga, embora fosse cedo demais na estação para ver muito crescimento. Depois do jardim havia outro poste de plástico laranja e branco, marcando o local da fibra da Q-Life enterrada. Em seguida, nos viramos e voltamos pelo mesmo caminho.

Perto da entrada da Columbia House, que abrigava o salão de jantar, Betts falou: "Então você pode ver o campus sozinho. Andamos pelo perímetro. Você pode ver com o que temos de lidar e o que temos em andamento. Em termos do futuro, você pode ter a noção dele só de olhar em volta." Eu me senti como se estivesse montando um quebra-cabeça – talvez do tipo que o Google dá a seu pessoal nos requerimentos de emprego. O que teria ficado sem ser dito? Estariam eles falando em código? O que eu deveria estar vendo? Um barbudo aproximou-se, pedalando uma bicicleta cruiser azul-celeste. "Acho que estamos prontos para entrar!", disse minha RP.

O almoço estava delicioso. Comi salmão orgânico, uma salada verde mista e um pudim de creme de amendoim de sobremesa. Alguns Googlers foram convidados a se juntar a nós e, enquanto se sentavam, minha anfitriã estimulou cada um deles a dizer alguma coisa sobre o quanto gostavam de morar em The Dalles e o quanto gostavam de trabalhar no Google. "Pode dizer a Andrew o que acha de trabalhar no Google e morar em The Dalles?", perguntou ela. Betts é um especialista em data center, o segundo em comando do que, suponho, deve estar entre as instalações mais inovadoras do mundo, um componente fundamental da que é, talvez, a maior plataforma de computação já criada. Mas ele estava carrancudo – preferia não dizer nada a se arriscar a sair da caixa estreita em que a relações-públicas o colocara. Conversamos sobre o clima.

Pensei em expressar minha frustração com o kabuki que continuava. Não era missão do Google tornar a informação disponível? Vocês não são os melhores e os mais inteligentes, e não estão ansiosos para partilhar tudo o que sabem? Mas decidi que o silêncio não era decisão deles. Era maior do que eles. Apelar que o deixassem teria sido injusto. Incitado por minha taça de creme de amendoim, por fim eu disse apenas que estava decepcionado por não ter tido a oportunidade de entrar num data center. Eu teria gostado de ver por dentro. A resposta de minha RP foi imediata: "Senadores e governadores ficaram decepcionados também!" Um homem saiu da fila de almoço, vestindo uma camiseta que dizia QUEM PENSA QUE SABE TUDO IRRITA A NÓS, QUE REALMENTE SABEMOS.

Foi apenas quando saí com o carro que comecei a apreender como toda a visita foi estranha, seguramente a visita mais estranha que já fiz à Internet. Não aprendi nada do Google – a não ser que eu não podia saber um monte de coisas. Perguntei-me se eu estaria sendo injusto, se a atmosfera orwelliana era apenas o efeito colateral da prerrogativa legítima do Google de manter segredos corporativos e proteger nossa privacidade. Em seu site corporativo, li uma pequena nota sobre isso (que mais tarde desapareceu): "Percebemos que os data centers podem parecer 'caixas-pretas' para a maioria das pessoas, mas existem bons motivos para não revelarmos nenhum detalhe do que acontece em nossas instalações, ou a localização de cada data center", dizia. "Primeiro, investimos muitos recursos para tornar nossos data centers os mais rápidos e mais eficientes do mundo, e queremos proteger esse investimento. Mas, ainda mais importante, é a segurança e a privacidade das informações que nossos usuários depositam em nós. Manter os dados de nossos usuários seguros e privados é prioridade máxima, e uma grande responsabilidade, especialmente porque é possível migrar para o produto de um de nossos concorrentes com o clique de um mouse. Por isso que usamos a melhor tecnologia disponível para nos certificarmos de que os data centers e nossos serviços continuem seguros o tempo todo."[6]

A famosa declaração de missão do Google é "organizar a informação do mundo e torná-la universalmente acessível e útil". Mas, em The Dalles, eles vão ao ponto de apagar do Google

Maps as imagens de satélite do data center — a foto não era apenas desatualizada, mas foi obscurecida. Em dezenas de visitas a lugares da Internet, as pessoas que conheci estavam ávidas para comunicar que a Internet não era um reino oculto, mas surpreendentemente aberto, dependendo essencialmente de cooperação, de informação. Impelido pelo lucro, é claro, mas com senso de responsabilidade. O Google era o desajustado. Fui bem recebido dentro dos portões, mas da forma mais superficial. A mensagem nem tão subliminar era de que eu — e, por extensão, você — não merecia confiança para entender o que acontecia dentro dessa fábrica — o espaço em que nós ostensivamente confiamos nossas perguntas, correspondência, até ideias a essa empresa. As cores primárias e o caráter pueril não pareciam mais simpáticos — faziam com que eu me sentisse uma criancinha. Essa era a empresa que comprovadamente sabia muita coisa sobre nós, mas estava sendo a mais reticente possível a respeito de si mesma.

A caminho de The Dalles, parei na represa Bonneville, a imensa usina elétrica — construída e ainda operada pelo Corpo de Engenheiros do Exército — que atravessa o rio Colúmbia. Era uma fortaleza. Saindo da rodovia, passei por um túnel curto com um imenso portão de ferro. Um guarda armado recebeu-me, perguntou se eu carregava alguma arma de fogo e deu uma busca em meu carro. Depois, tocou a aba do quepe e me deixou entrar. Havia um grande centro para visitantes, com uma loja de presentes, exposições sobre a construção da represa e a ecologia do rio, e uma sala envidraçada, onde se podiam ver salmões nadando a "escada de peixe" acima, a caminho da desova. Era uma clássica atração americana de beira de estrada, um misto um tanto kitsch, de governo grande e paisagem grande, tudo amarrado numa história complicada de triunfo tecnológico e tragédia ambiental. Para um *geek* de infraestrutura — e ainda mais para alguém que gosta de pescar — a represa era uma ótima parada.

Não pude deixar de comparar a represa com o data center. A primeira é de propriedade do governo, a outra, de uma corporação de capital aberto; ambas são exemplos altivos da engenharia americana. E são funcionalmente interligadas: foi a Bonneville Power Administration que, em parte, atraiu o Google para a região. Mas onde a represa era receptiva, o data center era hostil. E se o Google abrisse um centro para visitantes, com uma loja de presentes e uma galeria dando vista para todos os seus servidores? Acho que seria uma atração turística popular, um lugar para aprender sobre o que acontece por trás da tela branca do Google. Por ora, porém, a postura é a contrária. O data center é trancado, oculto.

Em minhas visitas à Internet, sentia-me em geral um pioneiro, um primeiro turista. Mas a represa me fez perceber que isso podia ser temporário, que vieram outros antes de mim. Há tanto de nós mesmos nesses prédios que será complicado o Google manter sua posição. Tenho ido à Internet para ver o que posso aprender com a visita. Do Google não aprendi muita coisa. Ao sair de lá com o carro, preferi não pensar no que o Google sabia sobre mim.

Havia outro jeito de fazer isso. O Google não era a única gigante na região. Ao norte, ficava Quincy, onde a Microsoft, a Yahoo!, a Ask.com e outras tinham grandes data centers. A pouco mais de 150 quilômetros, ao sul de The Dalles, fica a cidade de Prineville, que podia ser carente de recursos, como The Dalles, mas era verdadeiramente fora de mão. Mas foi em Prineville que o Facebook decidiu construir, do zero, seu primeiro data center, numa escala igual a The Dalles. Isso por si só me parecia um testamento incrível das vantagens do centro do Oregon como lugar para armazenar dados: quatro anos depois do Google, o Facebook o havia escolhido de novo.

Saindo de The Dalles, uma estrada de mão dupla subia abruptamente do vale do rio Colúmbia ao platô elevado do Oregon central. A neve vagueava em riscos irregulares, esmagada sob meus pneus. Havia verdadeiros fardos de mato seco, flutuando como sacos plásticos, numa cidade. E sempre havia as linhas de alta tensão da Bonneville Power Administration, que cruzavam a artemísia verde, como colunas de soldados gigantes.

Prineville ficava a uns 150 quilômetros. Qual era o significado dessa distância? Por que o Facebook não se mudava também para The Dalles? Ou Quincy? No mapa, pareciam bairros. Pelo fato de ficar tão longe e receber poucas visitas, era fácil ver tudo como um lugar só. Mas por baixo do imenso domo do céu, marulhando lentamente a distância, passando por cidadezinhas e cruzamentos vazios, ficava claro que cada lugar tinha seu próprio caráter, sua história e povo com histórias para contar. A "nuvem" da Internet, e ainda cada parte da nuvem, era um lugar real e específico – uma realidade evidente, que só era estranha por causa da instantaneidade com que constantemente nos comunicamos com esses lugares.

Da mesma forma com que fui embalado pela incrível extensão da paisagem, me distraí com o que havia em primeiro plano, onde a cada 100 metros brotavam postes brancos, de plástico, com topo alaranjado, pela terra vermelha do acostamento da estrada. Por fim, decidi parar para ver um deles mais de perto. O topo dizia CUIDADO. CABO DE FIBRA ÓPTICA ENTERRADO. NÃO CAVE. LEVEL 3 COMMUNICATIONS.

A Level 3, sediada em Denver, operava uma das maiores redes *backbone* globais. Uma de suas longas rotas fica aqui, na terra, mais provavelmente várias centenas de filamentos de fibra –

embora só algumas talvez estejam "acesas" com sinais, enquanto o restante fica "escuro", esperando necessidades futuras. Cada fibra pode carregar terabits de dados. Mas a grandeza desse número (trilhões!) e o alcance geográfico da Level 3 eram o contrário do que realmente me empolgava. Era o quadro congelado: a presença momentânea de tudo isso, nesse local específico.

Quando você clica em um pequeno *thumbnail*, e espera que a imagem grande seja carregada, aqueles pulsos de luz dispersos passam por baixo da margem da rodovia US 197, perto do ponto no mapa rotulado de Maupin, Oregon – mesmo que por uma fração quase infinitesimal de segundo. É difícil dizer com certeza em que margem da estrada e em que instante. Mas é suficiente lembrar que, entre aqui e ali, sempre há um poste laranja e branco na lateral da estrada. O caminho é contínuo e exato.

Alguns quilômetros depois, cheguei ao alto de um espinhaço e fui recompensado com o primeiro prêmio do turista de Internet: uma estação de regeneração de fibra óptica, abrigando o equipamento que amplificava os sinais de luz em sua jornada pelo país. Uma cerca de arme farpado encerrava uma área do tamanho de duas quadras de tênis, com um estacionamento de cascalho e três construções pequenas. Quando saí para ver melhor, o vento forte do deserto bateu a porta do carro. Dois dos prédios tinham paredes de aço, como contêineres. O terceiro era de concreto e estuque, com várias portas, como um armário de vestiário. Um tanque de combustível em forma de zepelim, do tamanho de um sofá, ficava entre eles. Na cerca, havia uma placa branca com dizeres em vermelho e preto: PROIBIDO ULTRAPASSAR. LEVEL 3. EM CASO DE EMERGÊNCIA, LIGAR PARA... Uma vez que não havia nada por perto, nenhum sinal parava aqui; tudo era apenas recebido e reenviado pelo equipamento ali dentro, um *pit stop* necessário na jornada dos fótons pelo vidro.

Do outro lado da estrada, havia uma versão de geração anterior da mesma ideia: um ponto de micro-ondas da AT&T, fortificado contra ataque nuclear, o prédio grande como um *bunker*, maior do que uma casa, parecendo sinistro com sua antena fina e longa. O prédio da Level 3 parecia o tipo de galpão que se vê atrás de um posto de gasolina. Lembrei-me da mesma diferença, na Cornualha, onde o *bunker* bruto da British Telecom formava um forte contraste com a casa mais discreta da Global Crossing. Pensei nos prédios de concreto inclinados de Ashburn e nos galpões de aço corrugado em Amsterdã. A Internet não tinha plano diretor e – esteticamente falando – não havia a mão de um mestre. Não havia um Isambard Kingdom Brunel – o engenheiro vitoriano da Paddington Station e do navio de cabos *Great Eastern* – pensando grande a respeito de como todas as peças se encaixam, e celebrando sua realização tecnológica a cada oportunidade. Na Internet, só havia os lugares intermediários, como este, tentando desaparecer. A ênfase não estava na jornada; a jornada fingia não existir. Mas evidentemente existia. Voltei ao carro, para ter um ponto de observação melhor, fazendo o que podia para subir àquele céu imenso. Não havia ninguém por perto, a estrada estava vazia e não tinha outra casa à vista. Ventava demais para ouvir o zumbido das máquinas.

Prineville fica a 120 quilômetros pela estrada. Enquanto The Dalles fica a curta distância de Portland, Prineville fica metida no meio do Oregon, longe da interestadual mais próxima, em uma área tão distante que está entre as últimas da América a ser habitada – até que colonos, rumando para o Leste, perceberam o ouro, preso nos cascos de gado extraviado. Prineville ainda é uma cidade de caubóis, lar do Crooked River Roundup, um grande rodeio anual. É um lugar que sempre lutou para crescer, chegando a ponto de construir uma ferrovia municipal depois que a linha principal passava por ali – uma rede meio de milha, do século XIX, que Nolan Young apreciaria. A City of Prineville Railway ainda está em operação ("Portão para o Centro do Oregon"), os últimos trilhos municipais em todo o país. Mas a maior luta de Prineville veio com a perda recente de seu último grande empregador, Les Schwab Tire Centers – conhecida por suas promoções "carne de graça" – para Bend, uma próspera cidade de esqui, com 12 Starbucks e uma grande Whole Foods a 45 quilômetros dali. Prineville lutou para trazer o Facebook, garantindo isenções fiscais que poupariam à empresa cerca de 2,8 milhões por ano, pelo privilégio de sua presença em uma zona empresarial nos arredores da cidade. Mas enquanto o Google insistia no segredo, o Facebook mudou-se para Prineville com fanfarra.[7] Dirigindo pela artéria principal da cidade, com sua arquitetura de beira de estrada da década de 1950 intacta, vi uma placa de BEM-VINDO AO FACEBOOK na vitrine de uma loja.

O data center fica em um monte isolado, acima da cidade, de frente para o rio Crooked. Dos dois lados de uma estrada larga que leva até lá há outros marcadores de fibra, laranja e branco, como migalhas de pão que levam à porta do data center. Minha primeira impressão foi de sua proporção dominadora – longa e baixa como um centro de distribuição de carga na lateral de uma rodovia. Era surpreendentemente bonito, mais agressivo visualmente do que qualquer outro pedaço da Internet que eu tenha visto, engastado numa crista rasa como um templo grego. Onde os prédios do Google eram esteticamente indefinidos, com entradas de carga e anexos apontando para todo lado, o do Facebook parecia estritamente racional, uma forma humana imaculada no mato. Ficava sozinho na paisagem deserta, uma laje de concreto limpa, encimada por uma cobertura de aço corrugado. Quando o visitei, ainda estava em construção, com apenas a primeira sala do grande data center concluída. Outras três fases se estendiam atrás, como uma lagarta, criando novos segmentos do corpo – o último deles ainda mostrava os painéis amarelos de isolamento do endoesqueleto. Juntas, as quatro seções totalizariam 28 mil metros quadrados de espaço, o equivalente a um prédio comercial urbano de 10 andares. Logo começaria a construção de outro prédio do mesmo tamanho, e havia espaço no terreno para um terceiro. Do outro lado do país, em Forest City, na Carolina do Norte, o Facebook começara a construção de um prédio irmão, de mesmo projeto – que, também por acaso, ficava a 80 quilômetros do imenso data center do Google, em Lenoir, Carolina do Norte.

Antes de minha visita, eu estava predisposto a pensar nesses grandes data centers como o pior tipo de fábrica – manchas negras na paisagem virgem. Mas, ao chegar a Prineville, descobri o que já era um lugar industrial, da vasta infraestrutura hidroelétrica da região aos prédios remanescentes da indústria madeireira que pontilhavam a cidade. A ideia desse data center espoliando a paisagem era absurda. Prineville, havia muito, era uma cidade manufatureira – e, no momento, o que mais precisava era de outras dessas indústrias. O que me deixou admirado foi que o data center tivesse vindo parar aqui. Esse enorme prédio aportado no mato era um monumento impressionante ao mundo da rede. O que há aqui também aparece na Virgínia e no Vale do Silício – o que não é de surpreender –, mas a lógica da rede levou esse imenso depósito, esse enorme disco rígido, a essa cidade em particular do Oregon.

Encontrei Ken Patchett dentro do prédio, recostado em uma cadeira Aeron nova, ainda com as etiquetas. Sentava-se à sua mesa, nas salas abertas e ensolaradas, com os fones do iPhone nos ouvidos, terminando uma teleconferência. Antes de vir para

Prineville para gerenciar o data center, ele teve o mesmo emprego em The Dalles, mas é difícil imaginá-lo no Google. "Meu cachorro tem mais acesso a mim do que minha família!", disse ele. Apesar do silêncio robotizado do Google, Patchett não foi censurado. Ele é muito extrovertido, tem voz de trovão e senso de humor brilhante. Com um metro e noventa, quando coloca o capacete, para uma caminhada pelas seções inacabadas do prédio, parece-se com os serralheiros que ainda estão no local. Combina: sua tarefa no Facebook não era de modelar informações (pelo menos não inteiramente), mas o funcionamento correto dessa imensa máquina.

Patchett foi criado como filho de militar, e morou depois com os avós em sua fazenda no Novo México, ordenhando vacas antes da aula. Queria ser serralheiro ou policial, mas largou os estudos quando não pôde mais jogar futebol americano. Viajou pelo país gerenciando e fazendo a manutenção de equipamento de serrarias. "Se quiser falar de madeira cortada, eu sou o cara que fala de madeira cortada", disse ele. "E se sua madeira cortada não é boa, posso lhe dizer como melhorá-la." O trabalho o trouxe a Prineville, onde, aos 24 anos, instalou uma serraria para o prefeito atual. Ele tinha quatro filhos e entrou no mundo dos computadores por dinheiro. Em uma feira profissional em Seattle, em 1998, soube de um emprego no data center da Microsoft, pagando 16 dólares por hora. Quando chegou ao local, percebeu que ajudaria a construí-lo – um verão como serralheiro. "Cheguei lá e foi assim, como se eu já tivesse estado aqui antes! Depois vi um camarada passar e pensei que fosse o porteiro, mas logo soube que era o cara que ia me entrevistar." Ele tinha feito alguns cursos técnicos, e o homem olhou a papelada e perguntou: "O que isso quer dizer? Por que eu deveria contratar você?" Isso lhe ensinou uma lição: "Eu não sei nada. Sei o bastante para me virar, mas o que aprendi em todos aqueles cursos é que não sei o suficiente."

Um mês depois, a Microsoft o colocou para administrar um data center. "Como qualquer bom gerente, cheguei, pintei as paredes e comprei flores de plástico." Depois, a Microsoft o transferiu para a equipe de rede global, e ele comemorou a virada do milênio sentado no alto do prédio da AT&T, em Seattle, com um telefone por satélite na mão, para o caso de o mundo acabar. No Google, alguns anos depois, começou gerenciando The Dalles, mas logo foi promovido e acabou construindo data centers em Hong Kong, na Malásia e na China. Ele estava em Pequim no dia em que o Google saiu do país, em 2010. "Deixamos algumas caixas lá, mas elas não vão fazer nada, só piscar as luzes", garantiu-me.

Ao começarmos a falar do Facebook, eu disse a Patchett que estava interessado no motivo para esse prédio ficar aqui, exatamente aqui, aparentemente no meio do nada, mas ele me interrompeu: "Só porque eles não têm nada por aqui, você acha que pode largar a comunidade toda?" Ele meneou a cabeça. "Então você diz danem-se, que comam brioches?" Seria ingenuidade pensar que o Facebook veio para Prineville para beneficiar a comunidade – e Patchett entrou a bordo muito depois de o local ser escolhido. Mas agora que o Facebook estava aqui, ele estava decidido que o Facebook fizesse parte de Prineville. O etos do Facebook era unir as pessoas – de vez em quando, talvez mais do que pretendiam. Isso se estendia ao data center. "Não estamos aqui para mudar a cultura, mas só para nos integrar e fazer parte dela", propôs Patchett.

Até certo ponto, esse era um esforço arranjado por relações-públicas para evitar a repetição dos erros que o Google cometera em The Dalles e a publicidade ruim que se seguiu. Onde o Google manteve tudo altamente confidencial, ameaçando com processos qualquer um que sequer falasse seu nome, o Facebook estava decidido a ser escancarado para essa comunidade. Mas isso veio embrulhado numa declaração mais ampla, sobre a abertura da tecnologia. Numa coletiva para a imprensa, logo depois de minha ida a Prineville, o Facebook lançou o projeto Open Compute, onde partilhava os esquemas de todo o data center, da placa-mãe ao sistema de resfriamento, e desafiava outros a usar isso como ponto de partida para a melhoria. "Está na hora de parar de tratar os data centers como Clube da luta", declarou o diretor de infraestrutura do Facebook.[8] Mas você também pode ver a diferença entre o Google e o Facebook de outro ângulo: o Facebook joga frouxamente com nossa privacidade, enquanto o Google a protege com veemência. Pelo menos Patchett ficou feliz em mostrar o data center do Facebook. "Quer ver como essa merda realmente funciona?", perguntou ele. "Não tem nada a ver com nuvens. Tudo tem relação com ficar frio."

Começamos pelo saguão envidraçado, cheio de móveis modernos em cores vivas e fotos de moradores de Prineville de antigamente na parede. O Facebook contratou um consultor de arte para sondar os arquivos da cidade e escolher imagens para decorar o lugar. (Fez sentido para mim: se você vai gastar meio bilhão de dólares em discos rígidos, por que não alguns milhares em arte?) Patchett virou-se para uma delas. "Olhe essas pessoas... Como pode querer deixá-las irritadas? E olhe os chapéus. Todo mundo tem seu próprio chapéu", disse ele. "Eles todos têm seu próprio estilo." Ele deu uma piscadela – essa era uma piada do Facebook.

Passamos por salas de reuniões com nomes de cervejas locais e entramos num longo e largo corredor, com um teto imenso, como o depósito de uma IKEA. As luzes no alto acendiam à medida que andávamos. Patchett nos levou por outra porta, e entramos na primeira sala do data center, ainda em vias de ser ativada.

Era espaçosa e iluminada, grande como um salão de baile de hotel, nova em folha e desobstruída. Do outro lado de um corredor central aberto havia corredores estreitos formados por racks altos de servidores pretos. Em escala e forma, e com piso de concreto, o lugar parecia a área subterrânea de uma biblioteca. Mas em vez de livros havia milhares de luzes azuis. Atrás de cada luz havia um disco rígido de 1 terabyte; a sala continha dezenas de milhares deles; o prédio tinha mais três salas desse tamanho. Era a maior quantidade de dados que vi em um só lugar – o Grand Canyon dos dados.

E era coisa importante. Não era o banco de dados árido de um banco ou órgão do governo. Em algum lugar ali, havia material que era pelo menos em parte meu – entre os bits mais emocionalmente ressonantes. Mas mesmo sabendo disso, ainda parecia abstrato. Eu conhecia o Facebook como a coisa na tela, como um meio surpreendentemente amplo de dar notícias pessoais – de bebês recém-nascidos, de amigos e empregos, cicatrizes de saúde e férias, primeiros dias de aula e memoriais comoventes. Mas não pude evitar a obviedade impressionante do que estava fisicamente diante de mim: uma sala. Fria e vazia. Tudo parecia tão *mecânico*. O que eu entregava a máquinas – a essas máquinas em particular?

"Se você soprasse a 'nuvem', sabe o que haveria ali?", perguntou Patchett. "*Isto*. Isto é a nuvem. Todos esses prédios pelo planeta criaram a nuvem. A nuvem é uma construção. Funciona como uma fábrica. Os bits entram, são manipulados e colocados no caminho certo, empacotados e enviados. Mas todo mundo que você vê neste lugar tem um trabalho, o de manter estes servidores bem aqui, vivos o tempo todo."

Para minimizar o consumo de energia, a temperatura no data center é controlada com o que equivale a um resfriador por evaporação, em vez de condicionadores de ar normais. O ar frio de fora é trazido para dentro do prédio por aberturas de ventilação ajustáveis perto do teto; água desionizada é borrifada nele, e ventiladores empurram o ar-condicionado para o piso do data center. "Quando os ventiladores não estão ligados e o ar não é sugado para cá... Parece mesmo uma nuvem, cara", disse Patchett. "Eu nublei esse lugar todo." Dado o clima frio e seco de Prineville, na maior parte do ano o resfriamento é gratuito. Ficamos abaixo de um buraco largo, no teto, quase com tamanho suficiente para ser chamado de átrio. A luz do dia era visível por suas bordas superiores. "Se você ficar bem aqui e olhar para cima, pode ver a série de ventiladores", disse Patchett. "O ar bate nesse piso de concreto e rola para os lados. Todo o prédio parece o rio Mississippi. Entra uma quantidade imensa de ar, mas se move muito lentamente."

Saímos da extremidade da sala imensa, e entramos em outro corredor largo. "Aqui fica meu depósito pessoal para coisas de que não preciso", disse Patchett. "E aqui *tem* um banheiro que só fui saber que existe quando colocaram uma placa nele." Por trás de outra porta havia um segundo espaço de data center, grande, igual ao primeiro que atravessamos, mas cheio de racks de servidores em vários estágios de montagem. Atrás dessa sala haveria mais dois deles – as fases A, B, C e D, prontas para crescer. O equipamento chegava por caminhão todo dia. "A gente fervilha por aqui como as fadas dos servidores e, de manhã, *uiiiii*, lá estão todas as luzes piscando e arrumadas na ordem certa", disse Patchett.

"Mas você precisa entender como é sua curva de crescimento. Você quer ter certeza de que não construiu demais. Quer ficar 10% à frente, embora sempre esteja 10% atrás. Mas prefiro ficar 10% atrás do que ter meio bilhão de dólares de espaço de data center jogados fora." Isso me lembrou que Patchett tem as chaves para o maior item de linha do Facebook. A rede social levantou recentemente 1,5 bilhão de dólares por uma oferta privada controversa, orquestrada pela Goldman Sachs. Uma fração significativa disso terminou na traseira de uma caminhonete subindo esse morro. Mas Patchett está nessa área há tempo suficiente para ser cauteloso. "A Internet é volúvel", disse ele. "É uma dona louca! Então não gaste tudo o que arrumar, porque você pode usar, ou não. As pessoas têm mania de grandeza. O Google construiu data centers monstruosos que estão vazios, sabe por quê? Porque é legal pra caramba!"

Depois do almoço, subimos na imensa picape de Patchett e fomos por uma estrada de terra pelo bosque, atrás do data center. Acima de nós, havia o ramal de eletricidade que o Facebook tinha construído a partir do ramo principal – uma despesa que se pagaria muitas vezes. Em um ponto mais largo da estrada eu via as linhas principais correndo para o noroeste na direção de The Dalles – e Portland, Seattle, Ásia. Na beira de uma escarpa, saímos da picape e olhamos a cidade de Prineville e as montanhas Ochoco. Imediatamente abaixo de nós havia uma velha serraria, com uma nova subestação de eletricidade, construída uma década atrás, mas nunca usada. "Acho importante pensar em coisas que são importantes para a cidade quando se está aqui", disse Patchett. "Quando todo mundo crescer e estiver pronto para fazer alguma coisa, e se ajudarmos a recuperar isso e fornecer 20 megawatts de energia?" Não era um plano real, só um sonho. Na realidade, o Facebook tem estado sob fogo do Greenpeace por depender demais de energia a carvão.[9] Mas, para Patchett, isto se relacionava com uma visão mais ampla do futuro dos data centers e da América. "Se você perder a América rural, perde sua infraestrutura e sua comida. Cabe a nós aparelhar todo mundo, não só a América urbana. Os 20% da população que moram nos

80% de território ficarão para trás. Sem o que a América rural fornece à América urbana, a América urbana não pode existir. E vice-versa. Temos essa parceria." Antigamente, no Oregon, isso significava madeira e carne bovina, mas agora estendeu-se aos dados, justo a isso. A Internet tinha uma distribuição ruim. Não estava em toda parte para todos – e os lugares onde não estava sofriam por ela.

Voltamos à picape e sacolejamos de volta ao data center, que surgia do bosque como um transatlântico. Patchett mexia no iPhone enquanto dirigia pela estrada acidentada. "Acabo de receber um e-mail", disse ele. Acabou o teste no data center. "Estamos *ao vivo* na Internet agora mesmo."

Epílogo

Como observaram todos desde Ulisses, só compreendemos realmente uma jornada quando chegamos em casa. Mas o que isso queria dizer quando o lugar de onde eu vinha estava em toda parte? Na manhã em que deixei o Oregon, abri meu laptop no saguão do aeroporto para escrever alguns e-mails, ler uns posts de blogs e fazer as coisas que sempre faço sentado diante de uma tela. Depois, ainda mais estranhamente, fiz o mesmo no avião, pagando alguns dólares pelo Wi-Fi, voando acima da terra, mas ainda conectado à grade. Tudo era uma imensidão fluida, o vasto continente condensado – nos termos da Internet pelo menos.

Mas eu não tinha viajado dezenas de milhares de quilômetros, cruzado oceanos e continentes para acreditar que essa era toda a história. Esta pode não ter sido a mais árdua das jornadas – a Internet se aloja em lugares muito agradáveis –, mas, ainda assim, era uma jornada. O escritor de ficção científica Bruce Sterling verbalizou um sentimento popular quando escreveu: "Desde que eu tenha banda larga, fico inteiramente à vontade com o fato de que minha posição na superfície do planeta é arbitrária." Mas ele ignora demais a realidade de como a maioria de nós vive no mundo. Não estamos meramente conectados, mas enraizados.

A certa altura, logo depois de eu chegar do Oregon, não lembro exatamente quando, peguei meu laptop na bolsa e o abri.

Epílogo 259

Depois, em silêncio, tranquilamente, sua antena oculta se uniu ao *hub* branco e sem fio, atrás do sofá, aquele com um único olho verde. Isso significava muito pouco em termos lógicos, mas muito para mim: eu estava em casa, de volta a meu lugar na rede. Quando o esquilo roeu o cabo, alguns anos antes, eu pude vê-lo (ou seria fêmea?) de minha mesa na salinha que, na época, usava como escritório. Nesse ínterim, o espaço tinha sido cedido à minha filha, seu berço agora ocupando o local. O esquilo ainda estava lá. Minha filha era grande o bastante para ficar de pé sozinha, olhar pela janela e acenar para ele. Seu canto do mundo era um lugar mágico, onde animais contavam histórias, assavam biscoitos e davam bom-dia e boa-noite. E era um lugar *pequeno*, uma geografia limitada; sua especificidade importava. Importava para mim também.

Isso me lembrou de que, embora eu tivesse visto muitos monumentos da Internet, não respondi a uma das perguntas com que comecei: aonde o cabo ia depois *daqui*? Como minha parte da Internet se conectava com o resto? Na calçada da esquina havia um cercado de metal do tamanho de um baú de viagem que eu desconfiava ter a resposta. Uma placa dizia CABLEVISION, meu provedor de Internet. Era enfeitada com adesivos anunciando bandas e, quando passei por ali, no fim da noite – inevitavelmente, preocupado com essas palavras –, ouvi que zumbia baixinho.

Mas, numa ironia cruel, depois de tantas portas da Internet que se abriram, essa ficaria fechada. A Cablevision é uma empresa notoriamente discreta, e foi só depois de meses de telefonemas que finalmente consegui um engenheiro simpático ao telefone que esboçou rapidamente o caminho de meu cabo. Da sala de estar, passava por um buraco na parede, descia ao porão de meu prédio de apartamentos de 100 anos, saía no quintal, passava pelo esquilo, atravessava o quintal dos vizinhos e chegava por baixo do baú em um grosso feixe de cabos – muito mais grosso do que os cabos que se estendiam pelo mar. Ao lado do baú, havia um bueiro com a marca CATV. Dentro dele, uma caixa de junção de fibra, um cilindro meio parecido com um silencioso de carro, onde todos os cabos dos arredores eram agregados em alguns filamentos de vidro. Num mapa da rua, esse local seria rotulado de CARLTON AVE.; no mapa de rede da Cablevision, era o nó 8M48, o *M* denotando esta área ao norte do Brooklyn. A rede de TV a cabo foi a primeira a instalá-lo, na década de 1980; desde então, tem sido constantemente atualizado, o que, em termos físicos, significa que os cabos de fibra óptica estão cada vez mais perto da casa dos clientes, expandindo-se como raízes de uma árvore e cada vez com uma capacidade maior. Por ora, a fibra parava no meio-fio; logo, inevitavelmente, chegaria à porta de todos.

Na outra direção, ia para a "cabeceira de rede", um pequeno prédio de aparência industrial ali perto, cercado, contendo um equipamento conhecido como sistema de terminação do modem a cabo, ou CMTS (*Cabe Modem Termination System*). Esse era um tipo especial de roteador, e sua aparência correspondia: uma máquina de aço do tamanho de um lava-louças, brotando fios amarelos, zumbindo numa sala solitária. Todas as cabeceiras de rede da Cablevision, então, se conectavam em algumas "cabeceiras master". Aquela, em Hicksville, Long Island – onde a Cablevision tinha sua sede corporativa –, também era centro de serviços de banda larga da Internet, ou BISC. Ali, os grandes roteadores eram do mesmo tipo que vi na PAIX em Palo Alto. Agregavam todos os sinais que entravam e saíam entre os clientes da Cablevision e o restante da Internet. E ali a trilha ficava interessante.

A Cablevision pode não dizer muito, mas os engenheiros de rede da empresa não conseguem deixar de tagarelar. Numa *web page* no domínio cv.net, que ninguém mais usaria, mantinham uma lista dos lugares onde a Cablevision conectava-se a outras redes. Parecia familiar: o número 60 da Hudson Street, o 111 da Eight Avenue, a Equinix Ashburn, a Equinix Newark, a Equinix Chicago e a Equinix Los Angeles. E como as rotas lógicas eram inerentemente visíveis, com uma pequena extrapolação eu podia até ter uma ideia das redes em que a Cablevision se conectava: a Level 3 (minha cabana preferida no Oregon), AT&T (pergunto-me se a empresa tem um novo adesivo para sua caixa de correio da estação de aterragem), Hurricane Electric (com a apresentação de roteadores de Martin Levy) e KPN (vizinha do núcleo da AMS-IX). Eu sabia que, por estar em Nova York, não me encontrava fisicamente longe do centro da Internet, mas era impressionante ver a proximidade lógica.

Eu não via mais a rede como uma bolha amorfa, mas como caminhos específicos toldados na geografia mais familiar da Terra. As imagens em minha mente eram exatas: uma lista curta e conhecida de lugares específicos. Confesso que alguns eram banais; eu vira muitos prédios de concreto simples, com piso de linóleo e corredores com lâmpadas fluorescentes. Mas outros tantos eram bonitos – sua beleza estava em saber as verdades da rede e o simples ato de prestar atenção ao mundo. Para procurar pela Internet, tive de me afastar dela. Saí de meu teclado para andar por aí e conversar. Não me admira, assim, que alguns dos momentos mais vívidos – aqueles em que me senti mais conectado a esses lugares – viessem de fora de portas eletronicamente trancadas. Lembro-me em particular das noites e – como qualquer viajante – das refeições: o peixe na calçada, na Costa da Caparica, em Portugal, com o sol se pondo sobre o Atlântico (e o cabo em suas profundezas); a estalagem rural de 400 anos na Cornualha, onde agricultores com galochas de cano alto se curvavam em uma lareira de pedra; o bar no Oregon, cheio de esquiadores zunindo pela tela de borda azul do Facebook em seus telefones (com os dados armazenados ali perto).

Mas quando penso nesses momentos, também penso em nostalgia de casa – especialmente cercado por pessoas que estavam elas mesmas em casa. Lembro-me de ver Rui Carrilho, o gerente de estação da Tata, em Portugal, recebido por sua mulher e os parentes, que foram ver o cabo aterrar na praia (o motivo de ele ter se atrasado para o jantar tantas noites seguidas). E penso em Jol Paling, que me mostrou as docas de pesca de Penzance depois de deixarmos seu filho no treino de futebol – e que no caminho recebeu um telefonema de um colega, a meio mundo de distância (e só na metade de seu dia de trabalho). Ou Eddie Diaz, que, depois de passar a noite toda debaixo das ruas de Manhattan, foi para casa para um banho rápido, antes de sair novamente para o aniversário de sua mulher. Ou Ken Patchett, baixando a caneca gigante de café para ler a mensagem de texto que chegou do filho – um atirador da força aérea –, que naquele momento estava sentado em um avião de transporte na pista do Qatar. Esses caras não são Steve Jobs nem Mark Zuckerberg. Eles não inventaram nada, não remodelaram nenhum setor econômico, nem ganharam muito dinheiro. Trabalhavam dentro da rede global e a faziam funcionar. Mas viviam localmente, como a maioria de nós.

O que compreendi quando cheguei em casa é que a Internet não é um mundo físico nem um mundo virtual, mas um mundo humano. A infraestrutura física da Internet tem muitos centros, mas, de certo ponto de vista, é realmente uma só: você. Eu. O *i* em minúscula. Onde quer que eu e você estejamos.

Agradecimentos

Quando comecei a procurar pela infraestrutura física da Internet, eu sabia apenas vagamente como tudo podia se encaixar. Desde os primeiros instantes, e por todo o processo de pesquisa e redação deste livro, fui beneficiado pela extrema generosidade de tempo e espírito de muitas pessoas, que construíram e operam as redes que compreendem a Internet. Listei todas elas no capítulo das notas, a seguir. São alguns especialistas supremos, cujas contribuições permeiam todo o livro, a quem sou especialmente grato: Rob Seastrom, Eric Troyer, Anton Kapela, Martin Levy, Joe Provo e Ilissa Miller. O *Internetworking* é um negócio complicado que tentei tornar acessível e correto, mas todos os erros, imprecisões ou incompreensões são inteiramente meus. O especialista em verificação de fatos Erik Malikowski ajudou a evitar muitos deles.

Joe Brown, meu editor na *Wired* (agora na Gizmodo), logo viu as possibilidades nesse tema, e apoiou o relato inicial que abriu muitas portas importantes. Meu editor na *Metropolis*, Martin Pedersen, me estimulou durante anos a trabalhar num livro e me deu espaço e apoio moral quando finalmente o escrevi.

Este livro e eu nos beneficiamos imensamente de uma comunidade de *produtores* intelectuais – escritores, jornalistas, editores, professores, cineastas, curadores de arte – que também são meus amigos. Sou grato a Tom Vanderbilt, Anthony Townsend, Ethan Youngerman, Kenny Salim, Beth Schwartzapfel, Stu Schwartzapfel, Mark Lamster, Astra Taylor, Kazys Varnelis, Tony Dokoupil,

Alexis Madrigal, David Moldawer, Greg Lindsay, Sarah Fan, James Sanders, Jason Hutt, Paul Goldberger, David Schwartz, James Biber, Rupal Sanghvi, John Cary, Kenny Caldwell, Rosalie Genevro, Anne Rieselbach, Cassim Shepherd, Varick Shute, Greg Wessner, Nick Anderson, Seth Fletcher, Geoff Manaugh, Nicola Twilley, Ted Relph, Kanishka Goonewardena, Kirsten Valentine Cadieux, Nik Luka, Zack Taylor e Laura Taylor.

Nem imagino que exista uma equipe mais talentosa e mais profissional do que a que transformou uma ideia, e depois um manuscrito, neste livro. Minha agente, Zoë Pagnamenta, sempre esteve dois passos à frente: ela fez isto acontecer. Os originais se beneficiaram de mais do que sua parcela justa de edição, com as pessoas cuidando deles, dos dois lados do Atlântico. Jim Gifford, da HarperCollins Canada entusiasticamente fez da editora meu segundo lar. Will Hammond, da Viking em Londres, fez sugestões sutis e profundas por todo o caminho. Na Ecco, Dan Halpern, Shanna Milkey, Rachel Bressler, Allison Saltzman e Michael McKenzie produziram livros maravilhosos e lindos; sou grato pelo apoio e pela atenção que deram a este. Hilary Redman adotou o projeto generosa e entusiasticamente. Meu editor, Matt Weiland, apontou os caminhos mais pitorescos, melhorou impecavelmente cada rascunho e trouxe intensidade ao processo de produção que todo livro devia ter a sorte de possuir.

E cada escritor devia ter sorte de receber o apoio das famílias Blum e Pardo que eu tive; não só estavam sempre ali, torcendo, mas – para uma mulher – também ofereceram muitas sugestões astutas. Sou especialmente grato a meus pais por nem uma vez em 20 anos sugerirem que ser escritor não era uma profissão nobre, prática e digna. Phoebe nasceu com este livro; grande parte da emoção de escrevê-lo veio da ideia de um dia ela o ler. Sou grato a Davina acima de tudo, por sua paciência, seu amor e discernimento: meu centro.

Notas

Prólogo

1. F. Scott Fitzgerald, *My Lost City: Personal Essays 1920-1940*, org. James L. W. West III (Cambridge: Cambridge University Press, 2005), p. 115.
2. Os comentários foram feitos nas audiências do Comitê de Comércio, Ciências e Transporte do Senado para a "Lei de Comunicações, Escolha do Consumidor e Distribuição de Banda Larga de 2006", em 28 de junho de 2006. O áudio completo pode ser descarregado em www.publicknowledge.org/node/497.
3. Ken Belson, "Senator's Slip of the Tongue Keeps on Truckin' Over the Web", *New York Times*, 17 de julho de 2006 (www.nytimes.com/2006/07/17/business/media/17stevens.html).
4. Clive Thompson, "Your Outboard Brain Knows All", *Wired*, outubro de 2007 (www.wired.com/techbiz/people/magazine/15-10/st_thompson).
5. Kevin Kelly, "The Internet Mapping Project", 1º de junho de 2009 (www.kk.org/ct2/2009/06/the-internet-mapping-project.php).
6. Mara Vanina Oses, "The Internet Mapping Project", 3 de junho de 2009 (psiytecnologia.wordpress.com/2009/06/03/the-internet-mapping-project/).
7. Henry David Thoreau, *Walden and Other Writings*, org. Brooks Atkinson (Nova York: Modern Library, 1992).

1: O mapa

Minha educação no mapeamento da Internet, bem como em muitos aspectos básicos da geografia da Internet, deve-se à paciência do excelente pessoal da TeleGeography, inclusive Markus Krisetya, Alan Maudlin, Stephan Beckert, Bonnie Crouch, Roxanna Tran, Nicholas Browning e o ex-funcionário Bram Abramson – que também pescou o primeiro relatório de Internet da TeleGeography das profundezas de seus arquivos e me mandou por e-mail. Em Milwaukee, Dave Janczak mostrou-me a gráfica Kubin-Nicholson e contou a história da empresa; o dr. Steven Reyer, da

Milwaukee School of Engineering – e mantenedor do site "Milwaukee Architecture" –, contou alguns detalhes históricos sobre o prédio. Sou especialmente grato a Jon Auer por abrir seu pedaço, particularmente eloquente, da rede. No Oxford Internet Institute, Mark Graham ajudou em minha compreensão dos desafios de mapear o ciberespaço.

1. *The WPA Guide to Wisconsin* (Nova York: Duell, Sloan and Pearce, 1941), pp. 247–48.

2. Para uma excelente análise da interrupção, ver o relatório da Renesys Corporation,*The Day the YouTube Died*, junho de 2008 (www.renesys.com/tech/presentations/pdf/nanog43-hijack.pdf). Para uma música sobre a interrupção, ver www.renesys.com/blog/2008/04/the-day-the-youtube-died-1.shtml.

2: Uma rede de redes

Toda uma prateleira de livros me ajudou a entender a história da Internet; listei-os a seguir. Na Universidade da Califórnia, em Los Angeles, sou grato a Leonard Kleinrock, que cedeu a maior parte da tarde para contar histórias. Minha compreensão da história obscura da MAE-East se deve a Steve Feldman, Bob Collet e Rob Seastrom. Sobre Tysons Corner, o livro *Internet Alley*, de Paul Ceruzzi, foi indispensável. E sem ser solicitado, Matt Darling me enviou o anuário ARPANET de 1980, que ele tinha retirado da lixeira, 20 anos antes.

Janet Abbate, *Exploring the Internet* (Cambridge: MIT Press, 1999).

Paul E. Ceruzzi, *Internet Alley* (Cambridge: MIT Press, 2008).

C. David Chaffee, *Building the Global Fiber Optics Superhighway* (Nova York: Kluwer Academic, 2001).

Katie Hafner e Michael Lyon, *Where Wizards Stay Up Late* (Nova York: Simon & Schuster, 1996).

Carl Malamud, *Exploring the Internet* (Englewood Cliffs, NJ: Prentice-Hall, 1993).

Stephan Segaller, *Nerds 2.0.1* (Nova York: T.V. Books, 1998).

Kazys Warnelis, *The Infrastructural City* (Barcelona, Espanha: Actar, 2008).

1. Roy Rosenzweig, "Wizards, Bureaucrats, Warriors, and Hackers: Writing the History of the Internet", *American Historical Review* 103, n° 5 (dezembro de 1998): 1.534.

2. Janet Abbate, *Exploring the Internet* (Cambridge: MIT Press, 1999), p. 2.

3. Wallace Stevens, *The Collected Poems of Wallace Stevens* (Nova York: Alfred A. Knopf, 1954).

4. Edward S. Casey, "How to Get from Space to Place in a Fairly Short Stretch of Time: Phenomenological Prolegomena", in *Senses of Place*,

orgs. Steven Feld e Keith H. Basso (Santa Fé: School of American Research, 1996).
5. Walter Kirn, *Up in the Air* (Nova York: Doubleday, 2001).
6. Como publicado em *Visual Culture: Critical Concepts in Media and Cultural Studies*, orgs. Joanne Morra e Marquard Smith (Nova York: Routledge, 2006).
7. Tim Wu, *The Master Switch* (Nova York: Alfred A. Knopf, 2010), p. 198.
8. Em um discurso na Câmara dos Comuns, em 28 de outubro de 1943, citado pelo Churchill Center and Museum (www.winstonchurchill.org/learn/speeches/quotations).
9. James Bamford, *The Shadow Factory* (Nova York: Anchor, 2008), p. 187.
10. Para uma boa visão geral do papel do governo no desenvolvimento da Internet, ver *NSFNET: A Partnership for High-Speed Networking, Final Report 1987-1995*, disponível em www.nsfnet-legacy.org/about.php.
11. Anthony M. Towsend, "Network Cities and the Global Structure of the Internet", *American Behavioral Scientist* 44, nº 10 (junho de 2001): 1697-1716.

3: É só conectar

Desde as fases iniciais deste projeto, Eric Troyer, da Equinix, foi uma fonte constante de informações e orientação; eu não teria compreendido a Internet sem a sua opinião especializada. Também da Equinix, Aaron Klink, Dave Morgan e Felix Reyes foram generosos com seu tempo, na Costa Leste e na Oeste; David Fonkalsrud, da K/F Communications, abriu-me as portas. E sou grato a Jay Adelson pelo dia em que ele passou pela estrada da memória – e a ida mais rápida, para o futuro, em seu conversível elétrico.

1. E. B. White, *Here Is New York* (Nova York: Little Bookroom, 2000).
2. Andy Serwer, "It Was My Party – and I Can Cry If I Want To", *Business 2.0*, março de 2001.
3. Sherry Turkle, *Alone Together* (Nova York: Basic Books, 2011), pp. 155-56.
4. Rich Miller, "Palo Alto Landlord Sues Equinix", *Data Center Knowledge*, 20 de setembro de 2010 (www.datacenterknowledge.com/archives/2010/09/20/palo-alto-landlord-sues-equinix/).
5. Acessível no banco de dados online do United States Patent and Trademark Office, http://patft.uspto.gov/.
6. Guinness World Records, *Guinness World Records 2004* (Nova York: Guinness, 2003).

4: Toda a Internet

No reino complicado e cheio de nuances do *peering* de Internet, sou grato pelas horas que muitas pessoas passaram, me ajudando a compreender, em particular a: Anton Kapela, Martin Levy, da Hurricane Electric; Joe Provo; Ren Provo; Jim Cowie da Renesys; Jon Nistor; Josh Snowhorn; Daniel Golding, da DH Capital; Sylvie LaPerrière; Michael Lucking; Rob Seastrom; Jay Hanke; Patrick Gilmore e Steve Wilcox. Em Frankfurt, várias pessoas abriram as portas de suas partes da Internet: Frank Orlowski e Arnold Nipper, da DE-CIX; Martin Simon, da Global Crossing; e Michael Boehlert, da Ancotel. Em Amsterdã, Job Witteman, Henk Steenman e Cara Mascini preocuparam-se que eu compreendesse cada parte das operações da AMS-IX; Kees Neggers partilhou seu conhecimento sobre a história da Internet na Holanda (e em um ótimo restaurante indonésio); e Marc Gauw, da NL-IX e Serge Radovic, da Euro-IX, trouxeram um contexto mais amplo ao mundo das *Internet exchanges*. Martin Brown foi um companheiro de viagem entusiasmado, no passeio a pé, pelos data centers de Amsterdã.

1. Tony Long, "It's Just the 'internet' Now", *Wired News*, 16 de agosto de 2004 (www.wired.com/culture/lifestyle/news/2004/08/64596).
2. Christine Smallwood, "What Does the Internet Look Like?", *Baffler 2*, nº 1 (2010): 8.
3. Ibid., p. 12.
4. *South Park*, "Over Logging", 12ª temporada, 6º episódio, transmitido originalmente em 16 de abril de 2008.
5. *The IT Crowd*, "The Speech", 3ª série, 4º episódio, originalmente transmitido em 12 de dezembro de 2008.
6. Henry Adams, *The Education of Henry Adams* (Boston: Houghton Mifflin, 1918), p. 380.
7. Russell Shorto, *The Island at the Center of the World* (Nova York: Vintage, 2004), p. 28.
8. Jaap van Till, Felipe Rodriguez e Erik Huizer, "Elektronische snelweg moet hogere politieke prioriteit krijgen", *NRC Handelsblad*, 21 de agosto de 1997 (www.nrc.nl/W2/Nieuws/1997/08/21/Med/06.html).
9. Robert Smithson, "The Monuments of Passaic", *Artforum*, dezembro de 1967.

5: Cidades de luz

Na Brocade, Greg Hankins arrumou rapidamente uma visita, e Par Westesson foi o guia ideal dentro da máquina. Em Nova York, Ilissa Miller e Jaymie Scotto abriram muitas portas, e sou especialmente grato pela apresentação ao inimitável Hunter Newby, que partilhou de boa vontade seu insight, e me deu um ótimo passeio a pé por Lower Manhattan. Michael Roark e Tesh Durvasula acenderam as luzes em alguns cantos escuros da Internet na cidade. Victoria O'Kane e Ray La Chance atenderam a meu interesse em ver cabos de fibra óptica sendo instalados, enquanto Brian Seales e Eddie Diaz me proporcionaram uma noite de diversão nas ruas. John Gilbert, da Rudin Management, mantém a história viva no número 32 da Avenue of the Americas. Em Londres, sou grato pelo tempo e assistência de Tim Anker, da Colocation Exchange; Pat Vicary, da Tata; John Souter, Jeremy Orbell e Colin Silcock, da London Internet Exchange; Nigel e Benedicte Titley; Dionne Aiken, Michelle Reid e Bob Harris, da Telehouse; e Matthew Finnie e Mark Lewis, da Interoute. James Tyler e Rob Coupland, da Telecity, passaram a maior parte do dia mostrando seus pedaços impressionantes da Internet.

1. Stephen E. Whicher, *Selections from Ralph Waldo Emerson: An Organic Anthology* (Boston: Houghton Mifflin, 1957), p. 24.
2. Rich Miller, "Google Confirms Purchase of 111 8th Avenue", *Data Center Knowledge* (www.datacenterklowledge.com/archives/2010/12/22/google-confirms-purchase-of-111-8th-avenue/).
3. A expressão pegou, em meio a corretores de imóveis, e se espalhou para os provedores de colocação. Ver, por exemplo, o site da Telx (www.telx.com/Facilities/telxs-new-york-city-colocation-a-interconnection-facility.html).
4. As taxas da Empire City Subway não mudaram desde 1987 (www.empirecitysubway.com/ratesbill.html).
5. "195 Broadway Deserted", *New York Times*, 29 de junho de 1914.
6. J. G. Ballard, *High Rise* (Londres: Holt, Rinehart and Winston, 1977), p. 8.
7. David Leppard, "Al-Qaeda Plot to Bring Down UK Internet", *Sunday Times*, 11 de março de 2007 (www.timesonline.co.uk/tol/news/uk/crime/article1496831.ece).

6: Os tubos mais longos

Em termos humanos, o mundo dos cabos submarinos é íntimo e muitas pessoas partilharam seu conhecimento e abriram as instalações, com satisfação. Na Global Crossing – agora Level 3 –, Kate Rankin defendeu meus interesses, junto aos colegas, que passaram dias, coletivamente, respondendo a minhas perguntas. Em Rochester, Jim Watts, Mary Hughson, Louis LaPack, Mike Duell e Nels Thompson deram informações de fundo. Na Cornualha, Jol Paling partilhou sua bela parte do mundo. O Porthcurno Telegraph Museum é uma fonte inestimável da história dos cabos submarinos; o arquivista Alan Renton tornou-se um amigo no vale. Na Hibernia Atlantic, Bjarni Thorvardarson acolheu-me bem, e Tom Burfitt me guiou em uma ótima excursão. Na Tata Communications, Simon Cooper permitiu que tudo acontecesse, mais especialmente a chance de ver um cabo ser instalado na praia; seus colegas Janice Goveas, Paul Wilkinson, Rui Carrilho e Anisha Sharma fizeram tudo funcionar. Na TE Subcom, Courtney McDaniel arrumou visitas fascinantes e imensamente informativas com Neal Bargano, em Eatontown, e Colin Young, em Newington. *The Victorian Internet*, de Tom Sandange (Nova York: Walker, 2007), e *A Thread Across the Ocean*, de John Steele (Nova York: Walker, 2002), contaram a história fascinante, enquanto Richard Elliott, da Apollo, a trouxe ao presente. E cada palavra escrita sobre esse tema tem uma dívida com o artigo épico de 1996 de Neal Stephenson para a *Wired*, "Mother Earth Mother Board" (disponível em www.wired.com/wired/archive/4.12/ffglass.html).

1. F. Scott Fitzgerald, *The Great Gatsby* (Nova York: Charles Scribner's Sons, 1953), p. 159.
2. Ken Belson, "Tyco to Sell Undersea Cable Unit to an Indian Telecom Company", *New York Times*, 2 de novembro de 2004 (www.nytimes.com/2004/11/02/business/02tyco.html).
3. "Top Ten Crooked CEOs", *Time*, 9 de junho de 2009 (www.time.com/time/specials/packages/article/0,28804,1903155_1903156_1903152,00.html).
4. Disponível nos arquivos do Porthcurno Telegraph Museum.

7. Onde os dados dormem

Qualquer jornalista que tenha andado pelo mundo dos data centers aprende rapidamente que o padrão ouro para a cobertura é o blog de Rich Miller, *Data Center Knowledge*. Seus *posts* foram uma fonte constante de notícias e contexto, e sou grato por seu apoio simpático a este projeto. No Facebook, Ken Patchett me contou tudo o que eu queria saber, e mais, enquanto Lee Weinstein o manteve falando. Em The Dalles, Nolan Young contou uma história correta, em um curto espaço de tempo. No Google, sou grato a Kate Hurowitz por abrir as portas (embora só um pouco), e a Dave Karlson, Katy Bowman, Josh Betts e Marta George por seu tempo. Michael Manos – empregado pela AOL quando conversamos – é um participante e observador ímpar do setor. Na Virgínia, Dave Robey, da QTS, e Norm Laudermilch, da Terremark, partilharam seus respectivos data centers monstruosos, com a assistência bem-vinda de seus colegas, Kevin O'Neill e Xavier Gonzales.

1. Greenpeace International, "How Dirty Is Your Data?", 21 de abril de 2011 (www.greenpeace.org/international/en/publications/reports/Howdirty-is-your-data/).
2. O engenheiro do Facebook Justin Mitchell forneceu o número, no website Quora, 25 de janeiro de 2011 (www.quora.com/How-many-photos-are-uploaded-to-Facebook-each-day).

3. Matt McGee, "By The Numbers: Twitter Vs. Facebook Vs. Google Buzz", *Search Engine Land*, 23 de fevereiro de 2010 (www.searchengineland.com/by-the-numbers-twitter-vs-facebook-vs-google-buzz-36709).
4. Para um relato da chegada do Google em The Dalles, ver Steven Levy, *In the Plex* (Nova York: Simon & Schuster, 2011), pp. 192-95.
5. Ibid., p. 192.
6. O site desde então mudou, mas era acessível em junho de 2011 em www.google.com/corporate/datacenter/index.html; a cópia está preservada em http://kalanaonline.blogspot.com/2011/02/where-is-your-data-google-and-microsoft.html.
7. John Markoff e Saul Hansell, "Hiding in Plain Sight, Google Seeks More Power", *New York Times*, 14 de junho de 2006 (www.nytimes.com/2006/06/14/technology/14search.html).
8. Maggie Shiels, "Facebook Shares Green Data Centre Technology", *BBC News*, 8 de abril de 2011 (www.bc.co.uk/news/technology-13010766).
9. Elizabeth Weingarten, "Friends Without Benefits", *Slate*, 7 de março de 2011 (www.slate.com/id/2287548/).

Impressão e Acabamento:
GRÁFICA STAMPPA LTDA.
Rua João Santana, 44 - Ramos - RJ